城市河流片区精准治污决策研究

刘　永　蒋青松　张　英　　著
赵　磊　马振华　籍　瑶

U0252096

中国环境出版集团·北京

图书在版编目（CIP）数据

城市河流片区精准治污决策研究/刘永等著.
—北京：中国环境出版集团，2022.2
ISBN 978-7-5111-5054-7

Ⅰ.①城… Ⅱ.①刘… Ⅲ.①城市—河流污染—
污染防治—研究—中国 Ⅳ.①X522

中国版本图书馆 CIP 数据核字（2022）第 028086 号

出 版 人	武德凯	
责任编辑	韩　睿	
责任校对	任　丽	
封面设计	岳　帅	

出版发行　中国环境出版集团
　　　　　（100062　北京市东城区广渠门内大街 16 号）
　　　　　网　　　址：http://www.cesp.com.cn
　　　　　电子邮箱：bjgl@cesp.com.cn
　　　　　联系电话：010-67112765（编辑管理部）
　　　　　发行热线：010-67125803，010-67113405（传真）
印　　刷　北京中科印刷有限公司
经　　销　各地新华书店
版　　次　2022 年 2 月第 1 版
印　　次　2022 年 2 月第 1 次印刷
开　　本　787×960　1/16
印　　张　14
字　　数　227 千字
定　　价　79.00 元

中国环境出版集团郑重承诺：
中国环境出版集团合作的印刷单位、材料单位均具有中国环境标志产品认证；
中国环境出版集团所有图书"禁塑"。

前　言

　　城市是我国水环境治理中最为复杂的单元，也是我国水环境治理的重点与难点。在城市片区，"黑臭在水里，根源在岸上，关键在排口，核心在管网"，河道、排口、子片区、重点工程构成了一个多尺度、相互关联和影响的体系。要实现对城市河流的水质提升，就必须要以此为基础开展逐级水质响应评估，将重点工程纳入片区的系统中进行考虑，开展以河流输入和城市流域为整体的综合评估，从而实现流域精细化管控和目标水体水质的持续改善。但在目前的研究中，至少还面临两方面的挑战：一是城市片区总量减排与水环境质量改善有关联，但其响应关系并不明确；二是城市内的污染治理工程体系已基本形成，但由于配套设施、管理、运行等方面的不完善，"厂—池—站—网"效益并未真正得到全部发挥。在此种情况下，未来的城市河流水质改善需要进一步转变思路，从重工程建设向工程提质增效转变，从对工程的总量减排绩效评估向水质改善绩效评估转变，实现从粗放治理向精准治污转变。

　　在城市河流片区"河道→排口→子片区→重点工程"的精准治理中，对河道分析的作用在于识别城市河流水质变化断面，建立排口与河道沿程水质变化的响应关系，确定达到水质目标的片区综合指标体系及量化要求；排口作为陆域和水域之间的重要纽带，是衔接陆域与水域、实现流域精细化管理的关键节点，特别是对排口数量多、种类复杂的城市流域，其管控成效对水质的影响至关重要；子片区的分析目标是确定汇入重要排口的陆域，监测和模拟子片区的流量及负荷；而对重点工程的分析则首先需要构建工程评估指标体系，在此基础上重点评估工程对子片区、排口的水量和负荷影响，以及对城市河流特定断面的水质影响，提出优化和新建工程的量化指标要求。

作为流域精准治污体系中更为微观和细致的尺度，本书在承接《流域精准治污决策技术体系及应用研究》一书对流域系统研究的基础上，以城市河流片区为整体，以系统的水质效应评估导向为特色，研究与分析生成精准决策所必需的城市河流片区基础信息、片区与水体尺度响应关系的模拟等基本要素；通过对响应关系的研究完成重点排口识别，提出重点排口设置需求、预警、监测等技术要求，从而为城市河流水体水质保护与恢复提供实用、动态和可更新的科学决策支撑，提升城市流域精细化管控技术水平。

本书以昆明滇池流域中较为典型、数据条件较为完整的盘龙江片区为城市河流对象，在离线监测与在线监测的基础上，构建陆域-水域耦合模拟模型，对片区排水系统及其运行进行评估，提出片区精准治污决策方案。

本书的内容主要包括三个部分：

（1）城市河流片区多尺度陆域-水域耦合模拟方法，包括方法框架、研究范围、片区"厂—池—站—网"系统构成、盘龙江水质变化分析与评估、盘龙江片区排水系统拓扑分析、排水系统核查与监测、片区管网模型构建、城市河流水动力-水质模型构建、片区陆域-水域响应关系模型构建、模型参数校正与结果评价、评估指标体系构建等。

（2）片区污染负荷排水系统运行评估，主要包括盘龙江片区主要排水设施评估、片区综合评估、水陆衔接指标评估、系统运行的管理目标和科学目标影响分析、片区治理多情景模拟与综合评估、不同降雨条件下盘龙江主要排口溢流评估等。

（3）片区精准治污决策目标与方案，主要包括盘龙江主要排口识别与控制目标确定、片区推荐与储备工程方案优化排口管控建议、片区系统整体运行的策略建议、主要设施联合运行现状、污水处理厂的系统运行建议等。

本书是团队集体智慧的结晶。全书由刘永、蒋青松、籍瑶总体设计并主笔，参与本书研究与各章节写作的还有来自北京大学、北京英特利为环境科技有限公司、昆明市生态环境科学研究院、云南省生态环境科学研究院、广州市市政工程设计研究总院有限公司、昆明滇池投资有限责任公司的同事：邹锐、王海玲、王俊松、马文静、支国强、刘旦宇、容思亮、贺文彦、杨艳、吴俭、孙延鑫、李金城、张帆。在团队的共同努力下，几经修改并由刘永、蒋青松、籍瑶、孙延鑫最终定稿。

本书的研究与出版得到了国家自然科学基金（51721006、51779002）、"滇池流域水环境保护治理'十三五'规划"项目、第二次全国污染源普查水系数据规整技术支持项目（2019A063）及云南省高原湖泊流域污染过程与管理重点实验室开放基金、云南省科技厅专家工作站等的资助。在本书的设计与开展过程中，得到了北京大学郭怀成教授、云南大学孙佩石教授、北京清环智慧水务科技赵冬泉董事长、中国市政工程华北设计研究总院有限公司智慧水务分院王浩正院长、生态环境部环境规划院陈岩研究员、中国科学院南京地理与湖泊研究所陈开宁研究员、云南省生态环境科学研究院余艳红副院长、昆明市生态环境科学研究院徐晓梅正高工等多位国内外专家的指导与支持，在此一并表示衷心感谢！

本书是北京大学环境科学与工程学院国家环境保护河流全物质通量重点实验室流域科学研究组（Peking University Watershed Science Lab）的成果之一，敬请访问我们的主页 http://www.pkuwsl.org/，以了解更多的内容、本书补充材料及最新研究进展。本书的结论与建议仅反映作者团队基于当前研究的发现，不代表任何官方的观点。由于作者的知识和经验有限，加之相关研究尚处于起步阶段，书中难免出现疏漏，殷切希望各位同行能不吝指正。

作　者

2021 年 8 月于燕园

目 录

第 1 章
绪　论

1.1 研究背景与目的

1.1.1 研究背景

城市是我国水环境治理中最为复杂的单元，河道、排口、子片区、重点工程构成了一个多尺度、相互关联与影响的体系，共同对城市产排污及河流水质变化产生影响。本书重点关注城市河流水质的精准治污决策。

1. 城市河流水质持续改善和城市河流片区精细化管控需求

城市河流水质持续改善和城市河流片区精细化管控需建立在科学的"河道→排口→子片区→重点工程"水质响应关系评估的基础之上。为实现城市河流片区水环境效益的系统评估、对污染负荷削减与目标水体水质改善效果评价，需开展对典型城市河流片区的逐级水质响应评估，开展以城市河流流域为整体的综合评估，从而实现流域精细化管控和目标水体水质持续改善的目标（梁中耀和刘永，2019）。

2. 城市河流片区污染防治与管理决策模式发展需求

要实现有效的城市河流片区管理和精准决策，需要建立一套科学、定量、动态和适应性的决策技术与平台。"河道→排口→子片区→重点工程"响应评估是城市河流片区污染防治与管理决策发展的新模式，突破了传统的工程评估范畴，以城市河流片区为整体，以系统水质效应评估导向为特色，研究与分析生成定量决策所必需的城市河流片区基础信息、片区与水体尺度响应关系的模拟等基本要素，从而为城市河流水质保护提升提供实用和动态的科学决策支撑（Le Moal et al.，2019）。

3. 城市河流片区水环境系统科学决策需求

城市河流水质保护与持续改善需要建立在科学的定量决策技术之上。然而，在我国的流域水环境管理中，目前所采用的模拟技术、优化技术相对分散，缺乏一体化、严格的"流域—水体水质—水生态"响应模拟，以及建立在定量响应关系上的城市流域污染精准控制决策研究（朱春龙，2005；张万顺和王浩，2021；秦成新等，2021）。这种分散的城市流域管理决策技术无法提供全面、综合和动态的管理方案，从而失去了在城市流域管理决策中的基础性支撑作用。

本书关于"河道→排口→子片区→重点工程"水质响应关系的研究是城市河流片区水环境系统科学决策最迫切的需要，其中模型的开发与集成应用、信息的综合以及知识的局地应用都不是独立的，而是通过相互间的关联与流动整合在城市流域水环境系统中（梁中耀和刘永，2019）。

4. 滇池流域城市河流片区水污染防治科学化和智能化需求

滇池是国家重点治理的"三湖"之一（郭怀成等，2017），盘龙江是滇池流域最受关注的河流，是牛栏江补水滇池的重要通道（宋培忠，2015），因此，对盘龙江片区内的水质保障要求比滇池流域内其他片区更为重要（He et al.，2020）。盘龙江所对应的片区作为滇池北岸重点治理区域，具有相对较好的管网基础及数据基础。因此，本书以盘龙江片区作为典型城市河流片区精准治污决策研究的案例区，研发构建针对城市河流片区的精准治污技术体系，可为精准治污技术体系在其他城市河流片区推广奠定基础，为流域精准治污决策提供坚实的科学支撑（丁瑶瑶，2018）。

1.1.2 研究目的

本书目标是以城市河流片区内重点治理工程、片区、排口及河道的基础数据和监测数据为基础，通过联合构建典型城市河流片区的陆域模型、城市河流水动力-水质模型和片区陆域-水域响应关系模型，识别城市河流优先达标断面及对应排口水质贡献率，提出"精准治污"的有效工程项目和重点治理区，为科学有效地开展城市流域水污染防治提供理论基础（刘永等，2012，2020）。研究目的包括以下几个方面：

（1）综合评估城市河流片区现有重点治理工程对排口、断面及河道的水质改善效果；

（2）识别城市河流河道优先达标断面，提出"精准治污"的有效工程项目和重点治理片区，实现精准治污；

（3）实现项目实施后重点治理工程系统效益评估，指导实施城市河流片区需新增或提升的重点治理项目。

1.1.3 研究意义

本书旨在为城市河流片区水污染治理工程环境效益评估和寻求精准治污决策方案提供一套新的技术方法体系，为我国城市河流片区精准治污决策研究提供新思路。以保障城市河流水系水质要求为目标，从"河道→排口→子片区→重点工程"逐级进行水质响应评估，突破传统的工程评估范畴，以系统的水质效益评估和精准治理目标导向为特色，实现建立以单项工程评估为基础的、以河流输入及其片区为整体的综合评估，由此提出"十三五"城市河流片区治理工程效益评估以及推荐工程优化、储备项目方案。

1.2 研究内容

本书内容主体是以沿程（牛栏江补水末端至入湖口）水质不退化为目标，以"河道→排口→子片区→重点工程"为水质响应评估与精准治污决策的空间尺度。按照实施顺序、评估内容之间的逻辑关系和功能，将研究内容划分为 5 个部分。

1.2.1 排水系统核查与监测

根据本书核心模型的构建需求，对研究区排水系统进行核查与监测。通过对基础数据的拓扑分析，确定研究区的陆域范围；通过对排水基础数据的梳理分析，构建排水管网拓扑关系，辨识研究区合流制区域范围。本书对典型城市河流片区管网系统污水水量水质、目标水体干流常规水质、目标水体干流雨季水质、研究区合流污水排口水质和雨水排口水质进行监测，设置污水水量水质监测点 19 个，目标水体水质常规监测点 6 个，下游流量监测点 1 个，降雨过程水质监测点 1 个，合流污水水量水质监测点、溢流口液位监测点 6 个，雨水径流水量水质监测点 1 个。其中，水量监测形式为实时监测与传输，水质监测形式为人工临测。

基于河流主干的排水口分布情况，分析河流主干自上游至下游的沿程水质分布状况，初步判断影响河流主干水质的重要排水口及污染源；基于监测数据，计算各片区、排口的负荷通量，辨识汇水区内的地表径流和合流污水水质特征。

1.2.2 城市河流水动力-水质模型构建

城市河流水动力-水质模型以陆域模型识别出的主要排口流量、负荷等作为输入的边界条件，构建目标河流水体的水动力-水质模型，描述河流动力学过程、水体中主要污染物的动力学过程、河道沉积物与水体的污染物交换过程以及水质指标与水生植物的动力学交互作用（Anagnostou et al.，2017；Bhagowati and Ahamad，2019）。该模型能够模拟污染物在水体中如何在水流驱动下进行沿程迁移转化（沈晔娜，2010），识别排口水量和负荷输入的目标水体水质响应变化关系，回答不同工况条件下排放输入对水质的影响，获取水体水环境容量以及污染物削减量（Carraro et al.，2012）。

1.2.3 片区陆域-水域响应关系模型构建

片区陆域-水域响应关系模型是在陆域模型和城市河流水动力-水质模型的基础上研发构建的（蒋洪强等，2015）。结合了城市河流片区陆域模型模拟所得污染物进入水体的模拟结果，以及城市河流水动力-水质模型模拟所得输入负荷-城市河流水体水质响应变化关系，模拟获得不同时间、不同空间点位上各个污染源的污染负荷贡献，构建污染源负荷与水质的响应关系（刘玉玉，2015）。对于每个河流水质监测点位，模型将能够输出每个源的时间序列，即每个源对该点位在某一时刻水质的贡献程度（Wang et al.，2019）；同时模型结果能够保证充分的时空分辨率，实现工程污染负荷削减与水质响应关系的模拟，解析重点排口对目标水体各断面水质的贡献，搭建已有重点工程运行与排口、断面水质的响应关系（Meinson et al.，2016），以及提出为达到水质目标所需要实施的城市河流片区和工程目标、指标等（Ahlvik et al.，2014）。

1.2.4 评估指标体系构建

以城市河流水系为受体、以汇水区为研究对象，在全面分析研究区域现状特征（水系、降雨和水质等）的基础上，通过与国家上位政策和文件要求提出的目标指标进行对应分析，在《水污染防治行动计划》（以下简称"水十条"）、海绵城市、黑臭水体治理等政策和文件指导下，以其中确定的对河流和湖体水质（总体要求）、城镇污水处理设施建设与改造、江河湖库水量调度管理、生态保护等方面的具体量化指标和要求为基本准则，确定 3 个层次的评估指标体系，包括水-陆衔接评估指标、片区污染负荷综合评估指标和工程评估指标；基于此评估指标体系开展指标量化分析研究，为量化治理工程效益评估提供数据支撑。

1.2.5 城市河流片区评估及精准治污决策研究

基于收集的数据、监测数据以及模型分析结果，对城市河流片区水环境状况进行研究分析，评估现状治理设施工程及"十三五"拟建工程设施的环境效益、测算评估指标，由此提出目标指标和优化方案。

1.3 技术路线

本书的总体技术路线如图 1-1 所示，遵循"河道→排口→子片区→重点工程"的总体思路，其中：

（1）河道：识别城市河流水质变化断面，建立排口与河道沿程水质变化的响应关系，确定达到水质目标的片区综合指标体系及量化要求；

（2）排口：监测城市河流沿程重点排口的水量及负荷，基于水质响应关系确定影响特定断面的重要排口及其贡献率；

（3）子片区：确定汇入重要排口的子片区，监测和模拟子片区的流量及负荷；

（4）重点工程：确定工程评估指标体系，重点评估工程对于子片区、排口的水量和负荷影响，以及对城市河流特定断面水质的影响，提出对优化和新建工程的量化指标要求。

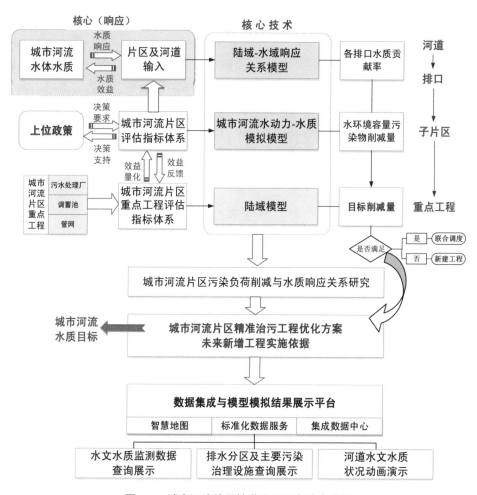

图 1-1 城市河流片区精准治污研究技术路线

第 2 章
城市河流片区多尺度陆域-水域耦合模拟方法

2.1　方法框架

本书核心技术包括陆域模型、城市河流水动力-水质模型和片区陆域-水域响应关系模型，核心技术耦合搭建关系如图 2-1 所示。

本书的创新点主要体现在以下几个方面：

（1）依据"水十条"、海绵城市、黑臭水体治理等国家工程治理与水质响应的高位要求，构建不同类型治理工程的评估指标体系，分类评估工程效益，有效响应上位政策的要求；

（2）遵循"河道→排口→子片区→重点工程"的整体思路，以系统的水质效益评估和精准目标导向为特色，逐级实现水质响应综合评估；

（3）研发并综合运用陆域模型、城市河流水动力-水质模型和片区陆域-水域响应关系模型等核心技术，实现"河道→排口→子片区→重点工程"的水质响应综合评估，为水污染治理工程探索评估技术方法体系奠定基础。

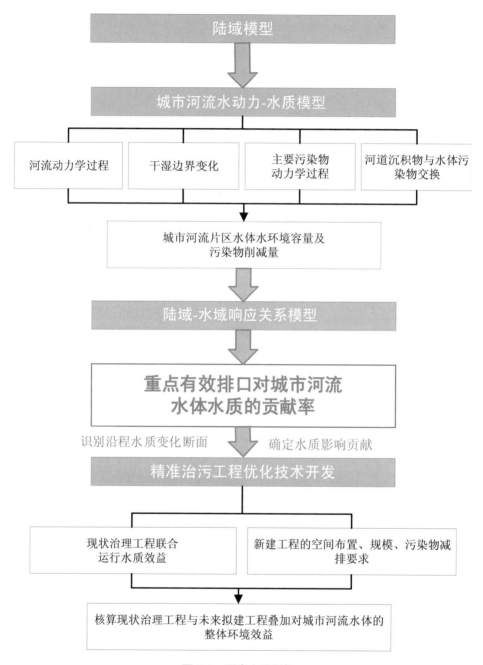

图 2-1 研究方法框架

本书研究的特点表现在：

（1）本书研究的系统评估建立在单项工程评估的基础之上，但重点是以城市河流输入和城市河流片区为整体的综合评估；

（2）本书研究的系统评估以水量和负荷评估为基础，但重点是以城市河流水质响应为核心的"量—质"评估；

（3）本书研究系统评估目的是实现城市河流水质达标，但重点是建立基于"量—质"响应、清晰界定源与水质响应贡献、优化提升已有工程、支撑空间上自下而上的城市河流片区水环境治理项目库。

2.2 研究对象案例概况

本研究的开展需要结合典型案例的实际情况以实现对城市河流片区多尺度陆域-水域耦合模拟方法的研发和精准治污技术体系的构建。本章首先系统地阐述研究对象案例的概况，在此基础上全面实施研究区排水系统的核查与监测、水动力-水质模型和陆域-水域响应关系模型的构建、评估指标体系的搭建和片区评估与精准治污决策研究等核心内容。

2.2.1 研究范围

盘龙江为滇池主要入湖河流之一，整个流域位于昆明市西北部，地理位置为东经 102.736°~102.931°、北纬 24.954°~25.441°。盘龙江发源于昆明市嵩明县西侧梁王山北麓阿子营乡朵格村附近（高程 2 600 m），主源是牧羊河，自北向南蜿蜒，与冷水河在小河乡岔河咀汇合后进入松华坝水库，出库后继续向南纵穿昆明市城区所在盆地，于官渡区洪家村处注入滇池（刘卫红等，2011）。

本书研究的主要对象区域自北向南为盘龙江自松华坝水库出口至盘龙江与人民路交叉点（河道延伸至盘龙江入湖口），共涉及昆明市 9 个街道办事处。盘龙江片区范围的确定充分考虑了盘龙江的自然汇水区、盘龙江沿岸排口的汇水区以及雨污水管段的汇水区三级汇水体系，通过三级汇水体系的叠加分析，最终得到盘龙江片区的范围（具体方法见 2.3.1.2 节）。片区北至长虫山东侧石盆梁子，南至盘龙江滇池入湖口，主河道河长 26.5 km，研究范围共计 115.70 km²，如图 2-2 所示。

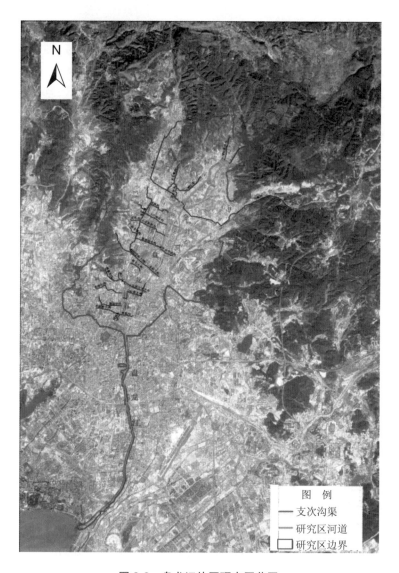

图 2-2　盘龙江片区研究区范围

2.2.2　土地利用

本研究以 2017 年为基准版, 盘龙江片区基准年的土地利用情况如图 2-3 所示。上游山区分布较多, 屋顶、道路、庭院以及体育场等不透水地表占比约为 32%;

林地、裸地、绿地等透水地表占比约为 68%，其中，林地占比较大，约占片区总面积的 31%，其次为裸地，约占片区总面积的 25%（孙金华等，2011）。

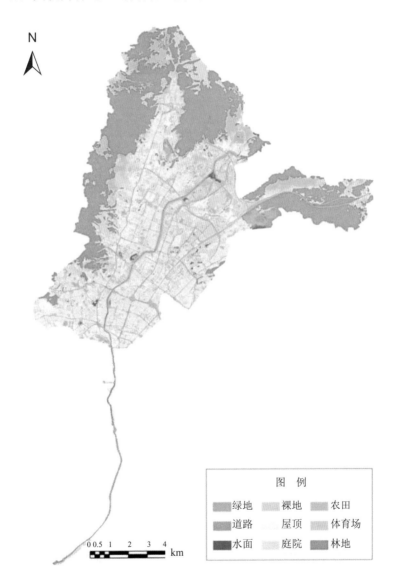

图 2-3　盘龙江片区土地利用现状

2.2.3 水系分布

盘龙江经松华坝水库出库后即进入昆明主城区,在主城区段(松华坝至滇池区间)河流水系发育呈羽状分布,自北向南分别有马溺河、花渔沟、麦溪沟、上庄防洪沟、右营防洪沟、霖雨路大沟、老李山分洪沟、财经学校大沟、北辰大沟、财大大沟、核桃箐沟、金星立交桥大沟、白云路大沟、教场北沟、教场中沟、学府路防洪沟、麻线沟、圆通沟、羊清河等水系(袁国林和贺彬,2008),见表 2-1。

表 2-1 盘龙江主要水系分布

名称	主要范围	长度
马溺河	起源于官渡区双龙乡园宝山,流经哨上村、龙头街,穿东干渠和金汁河,在浪口村附近汇入盘龙江	全长 10.60 km,研究区段长 0.52 km
花渔沟	起源于老凹山山箐,经花渔村,穿机床厂至茨坝,沿龙泉路西侧至重机厂。穿龙泉路往东转,过兰龙潭穿银河大道,在浪口村纳银汁河后入盘龙江	6.04 km
麦溪沟	起源于长虫山东侧大石洞一带,向东流经小麦溪,穿龙泉路后纳啤酒厂大沟及银汁河残段部分洪水,穿小康大道后进入金水湾小区,在金水湾小区承接尚家营排洪沟洪水,向东流约 100 m 后汇入盘龙江	4.30 km
上庄防洪沟	起源于龙泉路与红云路交会处,沿红云路向东汇入盘龙江	1.75 km
右营防洪沟	暗渠,起源于北仓沟与银汁河交汇处,通过银汁河承接北仓沟洪水,沿红园路穿红锦路至银河大道,沿银河大道往南,于北仓下营往东进入盘龙江	4.98 km
霖雨路大沟	起源于长虫山,向东排入盘龙江。为长虫山中南部山洪的重要排洪渠	4.46 km
老李山分洪沟	起源于北京路老李山分洪闸,向西直至盘龙江烟草大道桥断面下游约 100 m 处汇入盘龙江	290 m
财经学校大沟	长虫山东南部山洪的重要排洪渠。属于昆明市北市区财经学校、岗头村片区主要排洪河道之一,收集河道两岸片区雨水以及上游长虫山东南侧坡面洪水	3.31 km
北辰大沟	起源于北辰中路与北辰大道交会处,向西连接至盘龙江,属于城区排涝河道,主要承接北至金汁河老李山分洪闸,东至金汁河,南至北辰—金色大道以南,西至盘龙江片区雨水,自东向西流入盘龙江	1.27 km

名称	主要范围	长度
财大大沟	承接云大小区、财大北院、高教小区、财大康园、财大秋园、随园小区雨水排入盘龙江	760 m
核桃箐沟	起源于岗头山，自北向南经北二环后进入云南旅游学院，穿学院驾校练车场、学院食堂、足球场、康桥医院进入北二环，顺北二环而下至盘龙江	2.68 km
金星立交桥大沟	起源于万源路与北京路交叉口，沿北京路至金星立交桥，转向西沿二环北路接入盘龙江	1.43 km
白云路大沟	起源于金星立交桥，沿北京路至金江路，转向西沿金江路至长青路后，再转向南沿白云路接入盘龙江	1.82 km
教场北沟	主要收集二环北路以南、教场北路以北、盘龙江以西区域雨水，并最终向东排入盘龙江	1.79 km
教场中沟	主要收集教场北路以南、学府路以北、盘龙江以西区域雨水，并最终向东排入盘龙江	1.80 km
学府路防洪沟	主要收集一二一大街以北、二环路—教益路—教研路沿线以南、长虹路以东、盘龙江以西片区雨洪水，最终向东排入盘龙江	1.56 km
麻线沟	北站片区的主要防洪排污河道。起于小坝立交桥附近，沿穿金路南下向西经联盟路，穿北京路，过张官营，在油管桥汇入盘龙江	全长 3.02 km，研究区段长 0.80 km
圆通沟	收集一二一大街以南、圆通街以北、盘龙江以西片区内的雨水、污水，最终向东排入盘龙江	560 m
羊清河	起源于官渡区双龙乡朱家村，经庄科村、麦冲村入金殿水库，出库河道过五家村，沿穿金路至席子营，入灵光街进盘龙江	研究区段长 1.09 km

2.2.4　降雨特征

通过对昆明城区大观楼气象监测站点 1951 年后 60 余年的降雨日数据的分析，得到昆明城区降雨变化趋势及雨量的时间分布特征。分析发现，昆明年降水量均值维持在 1 000 mm 左右（Wu et al.，2019），1980 年后年降水总量波动有升高的趋势（Zhang et al.，2021），表明昆明市的降水在时间分布上更加不均匀（图 2-4）。

月均值的计算发现（图 2-5），降水集中分布在 6—9 月（丰水期）。丰水期的降水总量约为 700 mm，占全年降水量的 70% 以上，枯水期的降水总量约为

100 mm，平水期约为 150 mm。结果表明，昆明市降水量年内分布非常不均匀，时间上的分布不均以及不同水期的水量差别，在一定程度上导致了不同水期河流水质的差别（华立敏和杨绍琼，2010）。进一步地，由于年降水量主要由丰水期降水量决定，丰水期水量变化趋势能够反映与代表年降水量的变化趋势，而枯水期水量变化波动相对较小。

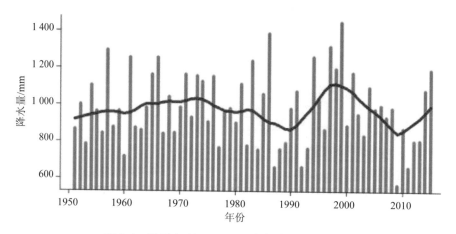

图2-4　昆明市 1951—2015 年年降水总量的变化

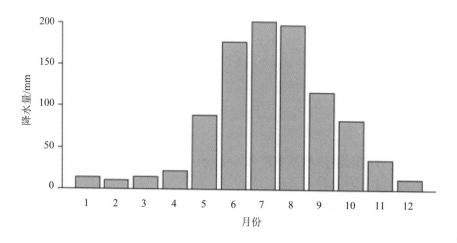

图2-5　昆明市月降水量变化

　　城市面源污染及洪涝灾害事件往往和极端降水天气联系在一起，短时间内高强度的降水容易引起水位的迅速上升，进而导致洪涝灾害和强烈的地面冲刷（Kaspersen and Halsnæs，2017）。为此，本书采用每年日降水量的 90%、98%分位数和极大值来反映极端降水出现的概率及强度。结果表明，在过去 60 余年间，日降水量的 90%分位数没有明显变化趋势；98%分位数和极值有所上升，其中，98%分位数和极值的年际波动都要远远高于 90%分位数，说明极端降水出现的概率和强度均有所增加，昆明市城市面源污染控制的难度不断增大（图 2-6）。

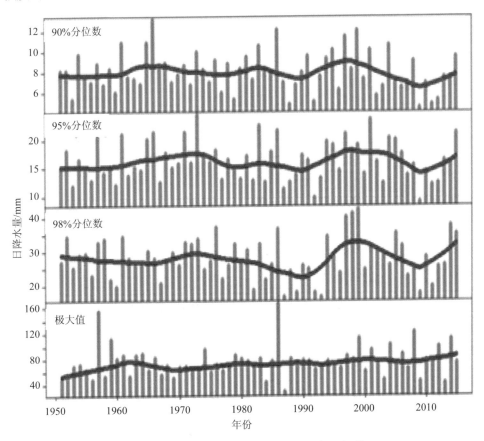

图 2-6　1951—2015 年日降水量分位数和极值

除洪涝灾害外，干旱也与降水直接相关，并且对研究区域水系和水资源循环、入湖水量等产生明显影响（夏军和朱一中，2002；Gu et al.，2020）。为此，本书对每年降水为 0 的天数进行统计，该数值越大，表示出现干旱的风险就越大。统计结果表明，从 20 世纪 50 年代不到 220 天增加到 21 世纪 10 年代超过 260 天。每年日降水为 0 的总天数明显增加，说明昆明市出现干旱的可能性增大，对研究区域内河流水系和入湖水量产生重要影响（图 2-7）。虽然昆明市降水时间分布不均性在年内和季度间的变化不显著，但从分位数分析和降水为 0 的天数来看，年内波动有变大的趋势。

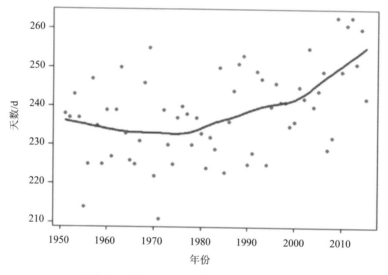

图 2-7　1951—2015 年每年降水为 0 的天数

2.2.5　片区"厂—池—站—网"系统构成

研究区目前有污水处理厂 2 座、污水及合流泵站 6 座、调蓄池 7 座、排水管网长度约 689.59 km、排水沟渠长度约 142.93 km。其中，排水管网主要包含污水管网、雨水管网、合流管网三种，污水管网合计 73.73 km，雨水管网合计 62.39 km，合流管网合计 553.47 km，如图 2-8 所示。

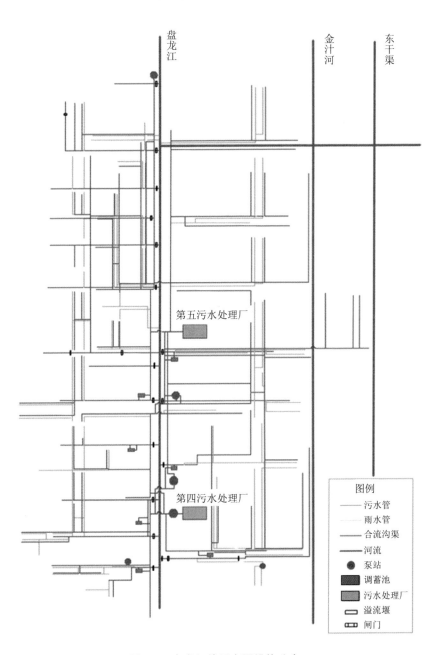

图 2-8　盘龙江片区主要设施分布

1．排水管网情况

盘龙江片区排水管网探测结果表明，片区内共有管线 689.59 km，沟渠 142.93 km。各类型管道和沟渠长度见表 2-2。

表 2-2 盘龙江片区排水管网分类

数据类型		管线分布（数据库）		管线分布（修正后）	
		长度/km	占比/%	长度/km	占比/%
管线	合流	5.56	0.80	553.47	80.26
	雨水	350.06	50.76	62.39	9.05
	污水	333.97	48.43	73.73	10.69
沟渠	合流	5.36	3.75	111.18	77.78
	雨水	114.37	80.02	27.03	18.91
	污水	23.20	16.23	4.72	3.30

注：修正管网长度，即根据研究区雨污分流区域划分结果，确定雨污合流制区域内管渠均为合流制管渠后所统计的各类型管渠长度。

2．污水处理厂情况

研究区现状污水处理厂主要包括昆明市第四污水处理厂和第五污水处理厂。

1）第四污水处理厂

第四污水处理厂位于小菜园立交桥旁的恒信巷，设计处理工艺为膜-生物反应器（Membrane Bio-Reactor，MBR），设计处理规模为 6 万 m³/d，其主要进水干管自北向南分别为二环北路南侧 DN1000 干管、盘江西路 DN1000 干管、北京路 DN1200 干管和环城北路 DN1200 干管。

2）第五污水处理厂

第五污水处理厂位于金色大道与盘江东路交叉处，设计处理工艺为厌氧-缺氧-好氧法（Anaerobic-Anoxic-Oxic，A^2/O 工艺），设计处理规模为 18.5 万 m³/d，设置有一级强化处理设施，处理规模为 30 万 m³/d，2018 年第五污水处理厂深度处理实际处理量为 17.43 万～30.19 万 m³/d，其主要进水干管自北向南分别为小康大道 DN1000 干管、霖雨路 DN800/DN1000 干管、盘江东路 DN1500 干管、北辰大道 DN1000/DN1500 干管、盘江西路 DN1000 干管和张官营泵站 DN1800 压力管。

3．调蓄池情况

研究区现状共有调蓄池 7 座，分别为圆通沟调蓄池、麻线沟调蓄池、学府路调蓄池、白云路调蓄池、教场北沟调蓄池、核桃箐调蓄池、金色大道调蓄池。各调蓄池服务范围及进出水情况见表 2-3。

表 2-3　研究区调蓄池信息

序号	名称	规模/万 m^3	管线长度/km	服务面积/km^2	对应污水处理厂
1	圆通沟调蓄池	0.70	11.59	0.91	
2	麻线沟调蓄池	0.81	32.35	2.02	第四污水处理厂
3	教场北沟调蓄池	0.93	8.26	1.08	
4	学府路调蓄池	2.10	70.45	6.01	第十污水处理厂
5	白云路调蓄池	0.91	19.84	1.82	
6	核桃箐调蓄池	0.76	18.82	3.61	第五污水处理厂
7	金色大道调蓄池	0.80	92.65	9.85	

4．泵站情况

盘龙江片区 6 座主要污水提升泵站中，四厂进水泵站为第四污水处理厂的提升泵站；羊清河泵站为截污泵站，主要依靠自流进入污水干管，水量大时抽排至明通河，现状基本不运行；学府路泵站为学府路调蓄池合建泵站，主要抽排学府路大沟和教场中沟的污水，现状主要将污水转输至第十污水处理厂；张官营泵站是盘龙江片区主要的污水转输泵站，主要将现状第四污水处理厂服务范围内的超量污水转输至第五污水处理厂；马村泵站是雨污水合建泵站，负责抽排金星立交桥及北辰大道周边片区雨污水；松华坝泵站为地下式雨污合流泵站，负责抽排上坝村区域内的生活污水（表 2-4）。

表 2-4　盘龙江片区主要污水提升泵站情况

序号	泵站名称	泵站性质	服务范围	服务面积/km^2
1	四厂进水泵站	污水泵站	第四污水处理厂服务范围内污水	12.50
2	张官营泵站	污水泵站	抽排第四污水处理厂服务范围内超量污水	12.50

序号	泵站名称	泵站性质	服务范围	服务面积/km²
3	学府路泵站	污水泵站	教场北路以南、虹山—白泥山一线以北、盘龙江以西	6.91
4	松华坝泵站	污水泵站	上坝村	0.16
5	马村泵站	雨污合建泵站	金星立交桥片区、廖家庙村片区	污水：1.19 雨水：1.76

5. 其他构筑物情况

1）闸门

盘龙江片区共有闸门 15 座（表 2-5），其中，上庄防洪沟闸门、核桃箐闸门、核桃箐金房宫闸、白云路大沟闸、北湘大沟泄洪闸、麻线沟闸为截污闸，其余闸门主要为河闸。

表 2-5　研究区闸门基本情况

序号	闸门名称	高度/m	宽度/m
1	金汁河闸门	2.60	4.00
2	东干渠闸门	1.00	1.50
3	马溺河闸门	2.35	1.55
4	上庄防洪沟闸门	—	—
5	老李山分洪沟闸门	—	—
6	核桃箐闸门	1.40	2.40
7	核桃箐金房宫闸	1.40	2.40
8	白云路大沟闸	2.00	4.00
9	北湘大沟泄洪闸	1.40	2.40
10	麻线沟闸 1	3.50	1.56
11	麻线沟闸 2	2.60	3.28
12	玉带河闸	3.00	6.00
13	盘龙江明通河河闸 1#	4.50	6.00
14	盘龙江明通河河闸 2#	2.60	3.00
15	南坝路卧倒闸	4.33	12.00

2）溢流堰

盘龙江在研究区内的主要支流沟渠末端都设有溢流堰，主要用于截流旱季沟渠污水，研究区共有溢流堰 17 个（表 2-6）。

表 2-6　研究区溢流堰基本情况

序号	溢流堰名称	高度/m	宽度/m
1	中坝村防洪沟溢流堰	0.510	2.000
2	花渔沟溢流堰 1#	1.700	4.000
3	花渔沟溢流堰 2#	0.730	6.000
4	花渔沟溢流堰 3#	0.700	9.500
5	西干渠溢流堰	——	——
6	麦溪沟溢流堰	0.600	2.500
7	右营防洪沟溢流堰	——	——
8	霖雨路大沟溢流堰	——	——
9	财经学校大沟溢流堰 1#	0.578	2.200
10	财经学校大沟溢流堰 2#	1.000	2.000
11	北辰大沟溢流堰	0.600	4.000
12	财大大沟溢流堰	1.700	1.600
13	金星立交桥大沟溢流堰	——	——
14	白云路大沟溢流堰	1.000	4.000
15	北湘大沟溢流堰	1.000	1.300
16	学府路大沟溢流堰	0.500	5.000
17	麻线沟溢流堰	1.380	7.000

2.2.6　盘龙江水质变化分析与评估

1. 盘龙江现状水质分析

根据 8 个水质控制断面监测数据对盘龙江沿程水质进行评价分析，监测数据以月尺度为分辨率，涵盖化学需氧量（COD）、氨氮（NH_3-N）、总氮（TN）、总磷（TP）等指标。按沿盘龙江河流流向的断面分布相对位置，分析水质指标的年均值沿程变化（图 2-9）。

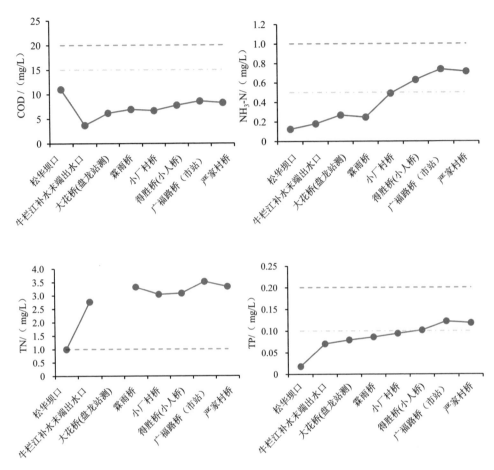

注：红色短划线代表III类河流标准，蓝色点划线代表Ⅱ类河流标准（COD、NH₃-N）或Ⅳ类湖泊标准（TP）。

图 2-9　盘龙江水质指标年均值沿程变化

依据河流III类标准，从达标角度评价，在 7—9 月，盘龙江得胜桥、广福路和严家村三个监测断面 NH$_3$-N 超标（＞1 mg/L），而位于得胜桥上游的监测断面在其他月份全部达标。依据湖库Ⅳ类标准，TN 在松华坝口和大花桥全年达标，其他断面全年均不达标；TP 在沿程断面的达标率逐次下降，在严家村达标率仅为 33%。盘龙江河流水质的时空分析表明：时间上，雨季时盘龙江水质较差；空间上，顺流方向上断面的水质逐渐变差，上游和中游断面已经或接近达标，末端广福路和严家村水质问题严重。

2．牛栏江补水对盘龙江水质影响

根据牛栏江输水末端2014—2018年5月的月度水量水质监测数据（TN、NH₃-N、TP 和 COD）和盘龙江与滇池的水质监测数据，分析牛栏江补水水量和水质的变化情况，计算其对盘龙江和滇池的水质影响。

牛栏江年平均以 6.2 亿 m³ 的补水量经盘龙江进入滇池（图 2-10），对盘龙江水质影响巨大。年内各月补水量波动较大；补水水质指标 TN、TP、COD 和 NH₃-N 的平均质量浓度分别为 2.76 mg/L、0.07 mg/L、7.11 mg/L 和 0.14 mg/L（图 2-11），在湖库Ⅳ类标准下，牛栏江补水水质 TN、TP 达标率分别为 8%、87%，特别是在 2016 年 9 月和 2017 年 7 月 TN 均超过 4 mg/L，远超地表水 V 类标准（2 mg/L），COD 和 NH₃-N 均 100%达到河流Ⅲ类和湖库Ⅳ类标准。雨季 TN 浓度及其变化范围都显著高于旱季。

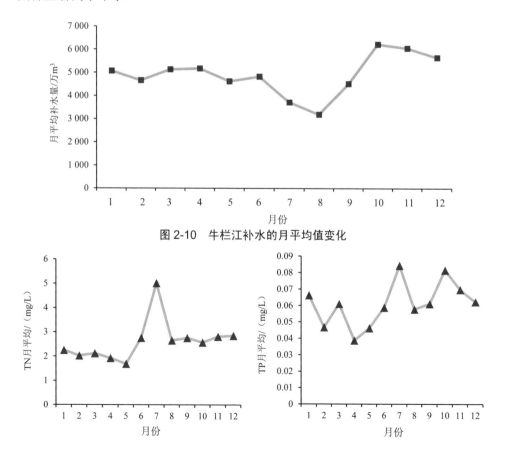

图 2-10　牛栏江补水的月平均值变化

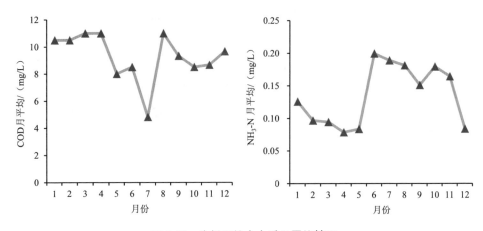

图 2-11   牛栏江补水水质月平均情况

如图 2-12 所示,牛栏江补水使盘龙江水质指标 TP、COD、NH₃-N 的改善比例分别为 45%、59%、62%;在 2017 年 7 月,牛栏江补水的水质改善作用低于 20%,可考虑在此期间进行设备定期维修更新。

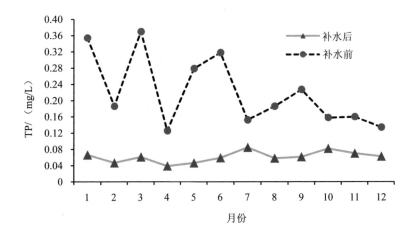

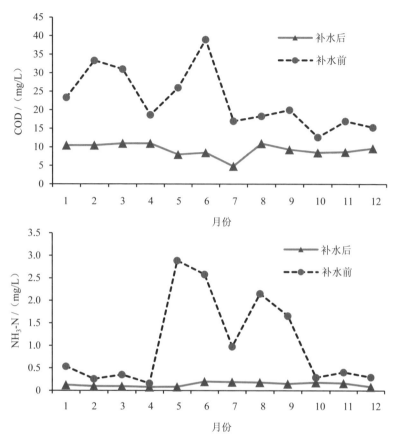

图 2-12　牛栏江补水前与补水后的盘龙江水质对比

3. 盘龙江沿程水质问题识别

根据模拟计算值，盘龙江重要断面全年的达标率见表 2-7。按照河流Ⅲ类标准，下游水质劣于上游，其中严家村 TP 全年达标的天数达到 87%，COD 全年达标天数达到 96%，NH_3-N 达标率达到 82%。

按照湖库Ⅳ类标准，下游达标率低于上游（表 2-8）。对 TN 而言，仅瀑布公园上游断面达标率为 72%，其他断面全部超过湖库Ⅳ类；对 TP 而言，瀑布公园上游断面达标率为 73%，大花桥与霖雨路断面达标率为 94%，小厂村以下断面全年达标率均在 31% 以下，最低的得胜桥断面仅为 23%；所有断面 COD 几乎全年达标；所有断面 NH_3-N 的达标率均超过 90%。

表 2-7　盘龙江重要断面河流Ⅲ类标准下达标率　　　　　　单位：%

断面	TP	COD	NH$_3$-N
	≤0.2 mg/L	≤20 mg/L	≤1 mg/L
瀑布公园上游	85	96	100
大花桥	100	100	100
霖雨路	99	100	100
小厂村	88	96	80
得胜桥	88	96	81
广福路	87	96	83
严家村	87	96	82

表 2-8　盘龙江重要断面湖库Ⅳ类标准下达标率　　　　　　单位：%

断面	TN	TP	COD	NH$_3$-N
	≤1.5 mg/L	≤0.1 mg/L	≤30 mg/L	≤1.5 mg/L
瀑布公园上游	72	73	99	100
大花桥	0	94	100	100
霖雨路	0	94	100	100
小厂村	0	31	99	91
得胜桥	0	23	99	91
广福路	0	31	99	91
严家村	0	30	99	92

对盘龙江沿程所有排口进行排序，初步筛选高密度和高强度负荷的排口。大部分排口的污染负荷对盘龙江水质影响较小，但仍存在产生较显著影响的少数排口。按坐标位置可初步判断，高密度排口设置和高强度污染负荷是导致盘龙江水体流经此河段时水质显著恶化的原因。

结合监测数据和模型模拟数据，对盘龙江重点断面水质进行环比分析，相对于上游断面，霖雨路—小厂村河段是显著恶化的断面（表 2-9），TN、TP、COD 和 NH$_3$-N 浓度的年平均增长率分别为 20%、64%、54% 和 319%。

表 2-9　霖雨路—小厂村河段水质恶化程度（指标浓度增长率）　　单位：%

月份	TN	TP	COD	NH$_3$-N
1	20	61	87	366
2	19	53	51	334
3	25	73	51	318
4	26	91	65	505
5	24	49	30	454
6	18	51	34	219
7	13	84	74	174
8	15	56	48	192
9	21	60	52	294
10	25	78	79	237
11	16	46	49	237
12	19	63	24	502

　　第五污水处理厂一级强化尾水和第四污水处理厂深度处理尾水口都处于霖雨路—小厂村河段内，对盘龙江影响最为突出；北辰大沟排口群、PSYS140100402027排口群、金星立交桥大沟排口群与学府路大沟排口在雨季（5—10 月）的溢流负荷不可忽视（表 2-10），对河流水质具有严重的恶化效果。上述片区和排口为本研究的重点子片区和重点排口。

表 2-10　盘龙江片区高溢流排放的雨污水排口　　单位：kg

排口名称或编号	TN	TP	COD	NH$_3$-N
北辰大沟	21 975.9	2 363.4	140 572.3	15 775.9
学府路大沟	9 210.9	817.8	59 676.2	4 587.7
PSYS140100402027	7 028.6	642.6	33 567.6	5 688.3
核桃箐沟	5 303.0	439.2	25 029.6	3 586.4
花渔沟	4 024.1	329.8	27 477.9	434.3
PSYS140100402021	3 878.0	328.5	20 232.2	2 270.9
PSWS140100402028	1 624.5	153.5	8 208.0	1 291.8

排口名称或编号	TN	TP	COD	NH₃-N
PSYS140100401143	1 558.7	135.1	7 831.3	1 066.9
PSWS140100402019	1 521.1	129.3	8 400.7	775.7
金星立交桥大沟	1 516.0	163.7	9 085.6	1 222.0

2.3　排水系统核查与监测

2.3.1　盘龙江片区排水系统拓扑分析

1. 拓扑分析数据来源

1）地形数据

本研究所需地形数据包括 30 m 空间分辨率的数字高程模型（DEM），来源于 http://srtm.csi.cgiar.org/SELECTION/inputCoord.asp，坐标系统为 WGS-84；研究区高程控制点矢量文件空间分辨率约为 10 m，为昆明城建 1987 坐标系。

2）遥感影像数据

根据数据可获取性，本研究采用 0.5 m 空间分辨率的卫星影像数据，坐标系统为 WGS-84。

3）最新水系数据

采用 2017 年 5 月版昆明市主城区河道水系分布图。

4）排水基础数据

盘龙江片区 2018 版排水基础数据库，包含管网、构筑物、河道、沟渠、检查井等矢量数据，坐标系统为昆明城建 1987 坐标系。调蓄池的基础信息主要基于调蓄池进出水管线跟踪测量成果以及调蓄池的竣工图，泵站的相关资料主要来自现场调研以及相关管理部门提供的相关资料。

5）下垫面解译数据

基于 0.5 m 空间分辨率的卫星影像数据进行下垫面解译，坐标系统为 WGS-84。

6）功能区数据

由解译和实地调研获得不同功能区及人口数据，坐标系统为 WGS-84。

2．盘龙江片区陆域研究范围的确定

为保证研究区范围的完整性，盘龙江片区范围充分考虑了盘龙江自然汇水区、污水处理厂与雨污水管段汇水区、沿岸排口汇水区三大体系。

1）盘龙江自然汇水区

（1）划分方法。盘龙江自然汇水区基于 30 m 空间分辨率 DEM 数据，利用 ArcGIS 水文分析模块进行人工沟渠的数字模型挖深处理，进而计算其水系、流向、汇积量，最终获得盘龙江流域的汇水面积（Sun et al.，2021）。

（2）划分结果。基于地形的盘龙江流域汇水区面积为 98.17 km^2，主要包括马溺河子流域、花渔沟子流域、霖雨路大沟子流域、核桃箐沟子流域、教场中沟子流域和盘龙江干流子流域等（图 2-13）。

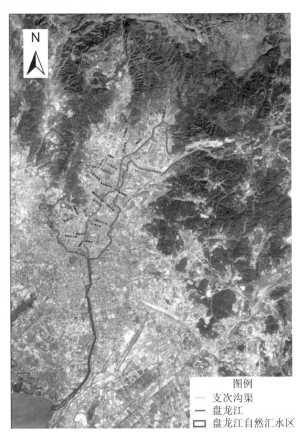

图例
—— 支次沟渠
—— 盘龙江
☐ 盘龙江自然汇水区

图 2-13 基于地形的盘龙江自然汇水区

2）污水处理厂与雨污水管段汇水区

（1）划分方法。根据昆明市主城管网数据，利用 GIS 网络分析工具提取污水处理厂进水管线，根据进水管线与路网分布划定污水处理厂的服务范围。

由于盘龙江流域支次沟渠现状均为末端截污，支次沟渠源头山区的山洪水会随沟渠进入污水处理厂，故进行污水处理厂服务范围划定时将盘龙江支次沟渠源头山区划入。

（2）划分结果。研究获取的第四污水处理厂、第五污水处理厂的服务范围如图 2-14 所示，总面积约为 63.60 km²。其中，第五污水处理厂服务范围为 51.10 km²，主要位于自松华坝水库向下游至二环北路的盘龙江沿线的建城区域；第四污水处理厂纳污范围为 12.50 km²，主要位于自二环北路向下游至小菜园油管桥的盘龙江沿线的建城区域。

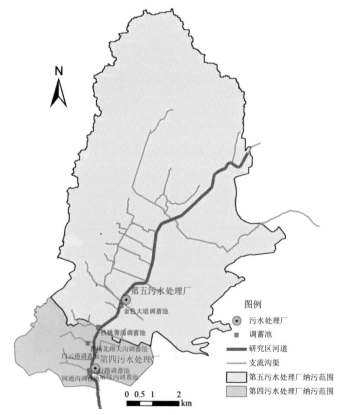

图 2-14　昆明市第四污水处理厂和第五污水处理厂服务范围

3）沿岸排口汇水区

（1）划分方法。根据盘龙江两岸排口调研结果，利用 GIS 的网络分析功能进行排口连接管线（包括沟渠）的上游追溯，基于各排口的上游管线连接情况，以及区域地形坡度、路网等数据，进行盘龙江两岸各排放口汇水区域的划分。

（2）划分结果。本次划分过程中针对上游连接管线明确的 81 个排口进行对应汇水区的划分，由于部分排放口汇水区无法区分开，本次划分共获得 63 个排放口对应的汇水区，面积共计 103.01 km²，其中以马溺河、花渔沟、霖雨路大沟、核桃箐沟等盘龙江一级支流汇水区为主（图 2-15）。

图 2-15　盘龙江排放口汇水区范围

4）盘龙江片区研究范围确定

将上述三个范围合并，获得最终的研究区域（图 2-16），总面积为 115.70 km²。

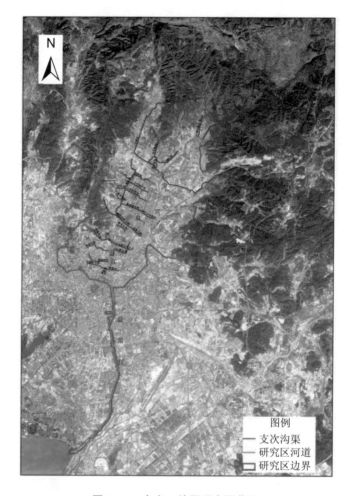

图 2-16　盘龙江片区研究区范围

3. 排水基础数据梳理

排水基础数据是本研究的基础。研究依据昆明市主城排水基础数据库,对排水管网进行了拓扑检查和分析(张红旗,2009;陈淑珍等,2014),对系统中存在的大管接小管、逆坡、雨污水混接、错位和下游无承接等问题进行了系统梳理。

1)大管接小管

基于昆明市排水基础数据库,利用以下规则判断是否存在大管接小管问题:

$$(uplink.Height-downlink.Height)/downlink.Height \geqslant 1 \qquad (2\text{-}1)$$

式中，uplink. Height 为上游管线管径，downlink. Height 为下游管线管径。经过梳理，此类型错误数量为 41 处。

2）逆坡

基于昆明市排水基础数据库，利用以下规则判断是否存在逆坡问题：

$$LineA.UpBottomElev-LineA.DownBottomElev < 0 \qquad (2-2)$$

式中，UpBottomElev 和 DownBottomElev 分别为管线的上游管底高程和下游管底高程。经过梳理，共计存在 19 处该类型错误。

3）雨污水混接

基于昆明市排水基础数据库，将所有雨水与污水相接或者污水与雨水相接的节点和数据提出，共计存在 183 处该类型错误。

4）错位

基于昆明市排水基础数据库，人工筛选出进水管高度大于出水管高度的节点和数据，共计 714 处存在该类型错误；然后利用以下规则判断是否存在错位问题：

$$(uplink.DownBottomElev-downlink.UpBottomElev)/uplink.Height \geqslant 0.4 \quad (2-3)$$

经过梳理，最终筛选出错位数量为 38 处。

5）下游无承接

通过对盘龙江片区管网数据的分析，仍有 102 个下游无承接管段。其中，26 个为进入小区或单位管段，无法测量；3 个因地形变化，现场未找到检查井；1 个为废弃管道；2 个为临时管道；9 处管道存在堵塞现象。

4．排水管网拓扑关系建立

1）排水管网与主要排水构筑物拓扑关系的建立

排水管网与主要排水构筑物拓扑关系的建立主要依托以下三方面的工作：①排水管网基础数据梳理，包括管网数据流向、管径、连通性梳理，主干管、支管的分布确定；②现场踏勘及调研，包括对存疑管线、节点以及调蓄池、泵站等关键构筑物的现场踏勘及调研，重点对研究区内 2 座污水处理厂、7 座调蓄池、11 座泵站进行调研，明确构筑物位置、容积、进出水方向等基本信息以及运行情况；③确定关键构筑物与管线的连接情况，基于基础管线数据、竣工图、跟踪测量等成果，进行关键构筑物的上游追溯，最终形成完善的排水管网和主要排水构筑物的拓扑关系。

（1）污水处理厂。第四污水处理厂位于小菜园立交桥旁的恒信巷，设计处理规模为 6 万 m³/d，实际处理规模为 4.82 万 m³/d。其主要进水干管自北向南分别为二环北路南侧 DN1000 干管、盘江西路 DN1000 干管、北京路 DN1200 干管以及环城北路 DN1200 干管。进入第四污水处理厂的管线总长度为 163.14 km，服务面积为 12.50 km²（表 2-11）。

表 2-11　第四污水处理厂管网分类

	DN600 以下	DN600～DN1200	DN1200～DN2000	DN2000 以上	合计
污水/km	24.84	38.02	4.50	0.20	67.56
雨水/km	41.06	41.45	5.80	7.01	95.32
合流/km	0.04	0.18	0.04	—	0.26
合计/km	65.94	79.65	10.34	7.21	163.14
占比/%	40.42	48.82	6.34	4.42	100.00

第五污水处理厂位于金色大道与盘江东路交叉处，设计处理规模为 18.5 万 m³/d，实际处理规模为 23.4 万 m³/d，设有一级强化处理装置，处理规模为 30 万 m³/d，2017 年一级强化部分处理规模约为 6.5 万 m³/d。其主要进水干管自北向南分别为小康大道 DN1000 干管、霖雨路 DN800/DN1000 干管、盘江东路 DN1500 干管、北辰大道 DN1000/DN1500 干管、盘江西路 DN1000 干管以及张官营泵站 DN1800 的压力管。第五污水处理厂关联管线（含沟渠）总长度为 393.102 km，服务面积为 51.10 km²（表 2-12 和图 2-17）。

表 2-12　第五污水处理厂管网分类

	DN600 以下	DN600～DN1200	DN1200～DN2000	DN2000 以上	合计
污水/km	92.180	115.830	17.410	3.470	228.890
雨水/km	51.460	76.320	11.090	19.080	157.950
合流/km	2.450	3.810	—	0.002	6.262
合计/km	146.090	195.960	28.500	22.552	393.102
占比/%	37.160	49.850	7.250	5.74	100.000

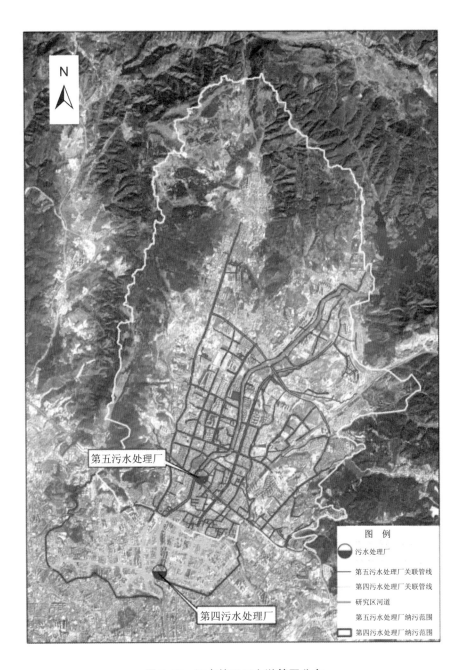

图 2-17　污水处理厂上游管网分布

（2）调蓄池。研究区现状共有 7 座调蓄池（表 2-3 和图 2-18），分别为圆通沟调蓄池（规模为 0.70 万 m^3）、麻线沟调蓄池（规模为 0.81 万 m^3）、教场北沟调蓄池（规模为 0.93 万 m^3）、学府路调蓄池（规模为 2.10 万 m^3）、白云路调蓄池（规模为 0.91 万 m^3）、核桃箐调蓄池（规模为 0.76 万 m^3）、金色大道调蓄池（规模为 0.80 万 m^3）。其中，学府路调蓄池进水为盘龙江西侧截污渠，因此，学府路调蓄池的服务范围包含了圆通沟调蓄池的服务范围，为便于分析各调蓄池服务范围及上游连接管线，本书独立分析圆通沟调蓄池，未将其纳入学府路调蓄池的服务范围。

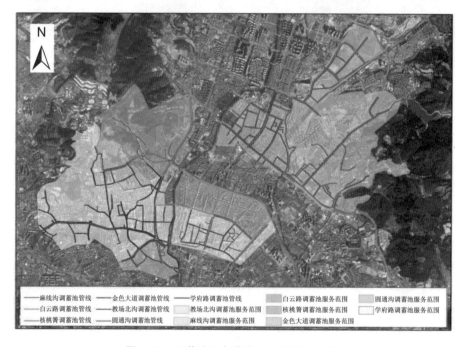

图 2-18　调蓄池服务范围及上游管网分布

（3）泵站。研究区现有泵站 11 座，其中，污水传输泵站 3 座，分别为四厂进水泵站、张官营泵站、学府路泵站；合流泵站 3 座，分别为松华坝泵站、羊清河泵站和南坝泵站；雨污合建泵站 1 座，为马村泵站；雨水泵站 4 座，分别为小菜园立交泵站、北站下穿隧道泵站、小坝泵站和巡津街泵站。其中，第四污水处理厂进水泵站、张官营泵站、学府路泵站、马村泵站为盘龙江片区的主要污水传输泵站。

　　第四污水处理厂进水泵站。第四污水处理厂进水泵站位于盘江东路第四污水处理厂旁，主要用于将污水提升至第四污水处理厂，其服务范围与第四污水处理厂服务范围一致。

　　张官营泵站。张官营泵站位于盘龙江东岸张官营村旁，主要用于将第四污水处理厂服务范围内的超量污水转输至第五污水处理厂。

　　学府路泵站。学府路泵站为学府路调蓄池合建泵站，位于盘龙江和昆石铁路交叉口西北角（图 2-19）。泵站进水为教场中沟和学府路大沟，出水接入盘龙江东侧污水管，服务范围为教场北路以南、虹山、白泥山一线以北、盘龙江以西所围区域，服务面积为 6.91 km²。

图 2-19　学府路泵站服务范围

　　马村泵站。马村泵站位于昆明市盘龙区二环北路与水岸路交会处东北侧，为雨污水合建泵站，主要负责抽排金星立交桥、北辰大道周边的雨污水，污水泵站服务面积为 1.19 km²，雨水泵站服务面积为 1.76 km²。

　　松华坝泵站。松华坝泵站为地下式泵站，主要用于抽排盘龙江上游上坝村片区的合流污水，服务面积约为 0.16 km²。

2）排水管网与排口拓扑关系的建立

排水管网与排口拓扑关系的建立主要基于盘龙江的排口实地调研结果和昆明市排水管网基础数据。

（1）盘龙江排口基本情况。

在盘龙江 2012 年排口调查资料的基础上，通过对盘龙江沿岸排口的调研及核查，明确了基准年盘龙江排口的基本情况。盘龙江沿岸共有排口 227 个（含新增 18 个），其中，东岸 108 个（含新增 9 个），西岸 119 个（含新增 9 个）。在 227 个排口中，已经确定封堵的排口有 73 个，确定废弃的排口有 13 个。具体而言，东岸 108 个排口中，确定封堵的排口有 46 个，确定废弃的排口有 8 个；西岸 119 个排口中，确定封堵的排口有 27 个，确定废弃的排口有 5 个。

参照住房和城乡建设部印发的《城市黑臭水体整治——排水口、管道及检查井治理技术指南（试行）》（建城函〔2016〕198 号），结合盘龙江实际情况对排口进行分类（表 2-13）。在 227 个排口中，已封堵、废弃的不具备使用功能的排口 86 个，其余 141 个排口中，自来水相关排口 9 个，泵站排口 3 个，河道连通口 8 个（金汁河、玉带河、金家河、星海灌溉渠、正大河、明通河补水渠、老盘龙江、人工湖引水渠连通口），取水口 3 个（松华坝水文站、农科院取水口、明通河泵站取水口），尾水口 2 个（第四污水处理厂尾水口、第五污水处理厂一级强化尾水口），设施应急排水口 2 个（第五污水处理厂事故排放口、第五污水处理厂初沉池排口），因淹没或未与管渠连接而无法判明类别的排口 31 个，分流制雨水直排排水口 56 个，分流制雨污混接雨水直排排水口 3 个，合流制截流溢流排水口 19 个，合流制直排排水口 5 个。

表 2-13　盘龙江沿岸排口数量

排口类型		排口数量/个		
		西岸	东岸	合计
分流制排水口	分流制雨水直排排水口	37	19	56
	分流制雨污混接雨水直排排水口	3	0	3
合流制排水口	合流制直排排水口	3	2	5
	合流制截流溢流排水口	15	4	19

排口类型		排口数量/个		
		西岸	东岸	合计
其他排水口	泵站排水口	2	1	3
	设施应急排水口	0	2	2
	河道连通口	5	3	8
	自来水关联排水口	4	5	9
	取水口	0	3	3
	尾水口	0	2	2
无效排口	已废弃	5	8	13
	已封堵	27	46	73
无法判别排口	暂无法判明类别排水口	18	13	31
总计		119	108	227

（2）盘龙江排口拓扑关系分析。

已封堵排口拓扑分析。盘龙江沿岸已封堵排口共计 73 个，通过对这 73 个排口进行拓扑分析得出，其中，17 个排口上游为污水管，26 个排口上游为雨水管，6 个排口上游为沟渠，2 个排口上游为泵站，22 个排口上游无管线连接。具体而言，26 个上游连接雨水管、处于封堵状态的排口主要集中在盘龙江东岸第五污水处理厂服务范围内，由于上游污水管混接，部分雨水排口被封堵，排口服务范围内雨污水截流进入盘龙江截污管，最终进入第五污水处理厂，导致雨天第五污水处理厂进水量增大。无污水管混接且服务范围相对较大的排口，建议后续通过现场排查，确定是否有污水混接进入、是否具备改造条件，通过改造恢复排口，以减少雨天进入第五污水处理厂的雨水量。对上游连接污水管的排口，要加强监管及日常巡查，确保排口处于封堵状态，无污水渗漏。

已淹没排口拓扑分析。处于完全淹没状态的排口共计 54 个，其中，10 个已于 2012 年封堵，其余排口处于淹没状态。未确定是否封堵的排口中有 2 个排口上游与污水管存在连接关系，见表 2-14。此部分排口应确认其封堵状态，若未封堵则存在污水直排及河道倒灌进入排水系统的风险。

表 2-14　可能存在倒灌风险的已淹没排口

序号	排口编号	位置
1	EPS148	白云路以北 30 m
2	WPS43	盘龙江西侧碧江路口

未封堵排口拓扑分析。在确定的 110 个有效排口中（不包含 31 个无法判明类别的排口），排除 8 个河道连通口、9 个自来水关联排口、2 个设施应急排口、3 个取水口、2 个污水处理厂尾水口、4 个无上游管线连接分流制雨水直排排水口及 1 个泵站排口（马村泵站为抽排泵站，其汇水区与其他合流沟渠溢流口重叠），剩余有效排口 81 个。

运用 GIS 网络分析工具追踪排口上游连接管线，根据排口上游管线的连接情况、地形、路网等因素，绘制排口上游汇水区。依据绘制结果，由于部分排口汇水区难以分开，在进行汇水区划分时对其进行合并，将 81 个排口划分为 63 个汇水区，涉及汇水区总面积 103.01 km^2。

盘龙江各排放口的汇水区以盘龙江各支流沟渠汇水区为主，其中，花渔沟汇水区面积最大，为 29.96 km^2，上游主要为山区，下垫面类型以林地为主，下游为建成区；其次为马溺河汇水区，汇水面积为 16.22 km^2。将盘龙江各排口汇水区面积进行降序排列，排名前 10 位的排口见表 2-15。

表 2-15　盘龙江主要排口汇水区排序

序号	排口名称	排口类型	汇水区面积/km^2	管底标高/m	截流设施	合流制溢流污染控制措施
1	花渔沟	合流制截流溢流排放口	29.96	1 899.13	截污闸	—
2	马溺河	合流制直排排水口	16.22	1 901.23	无	—
3	北辰大沟	合流制截流溢流排放口	9.72	1 891.92	截污闸	调蓄池

序号	排口名称	排口类型	汇水区面积/km²	管底标高/m	截流设施	合流制溢流污染控制措施
4	学府路大沟	合流制截流溢流排放口	4.86	1 888.86	截污闸	调蓄池
5	上庄防洪沟	合流制截流溢流排放口	4.65	—	截污闸	—
6	核桃箐沟	合流制截流溢流排放口	3.60	1 891.94	截污闸	调蓄池
7	麦溪沟	合流制截流溢流排放口	3.58	1 897.49	截污闸	—
8	霖雨路大沟	合流制截流溢流排放口	3.37	1 894.59	截污闸	—
9	财经学校大沟	合流制截流溢流排放口	2.29	1 892.45	截污闸	—
10	麻线沟	合流制截流溢流排放口	1.92	1 889.72	截污闸	调蓄池

5．基于数据叠加分析的盘龙江研究区合流制区域判断

在我国，多数城市合流制排水系统受到下游截污管道过流能力或污水处理厂处理能力的限制，往往设有直接排往河道的合流制溢流设施，因此大部分合流制排水系统同时与污水处理系统和河道排水系统相关联。本书通过梳理研究区排水设施数据联结关系，进行污水处理厂上游关联管道和河道排水系统关联管道的叠加分析，以确定合流制排水管道及合流制区域的分布，为合流制溢流污染控制的研究提供数据支持。

1）河道排水系统关联管渠的上游追溯分析

基于盘龙江片区管网探测数据，从盘龙江两岸排水口向上追溯分析所有与河道排水系统关联的管渠。分析结果表明，盘龙江片区与河道关联的管渠共计491.19 km，如图 2-20 所示。

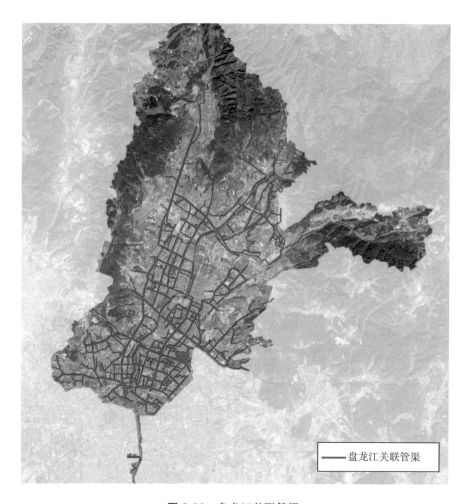

图 2-20　盘龙江关联管渠

2）污水处理系统关联管渠的上游追溯分析

基于盘龙江片区管网探测数据，研究区内与污水处理厂关联的管渠共计
588.35 km，如图 2-21 所示。

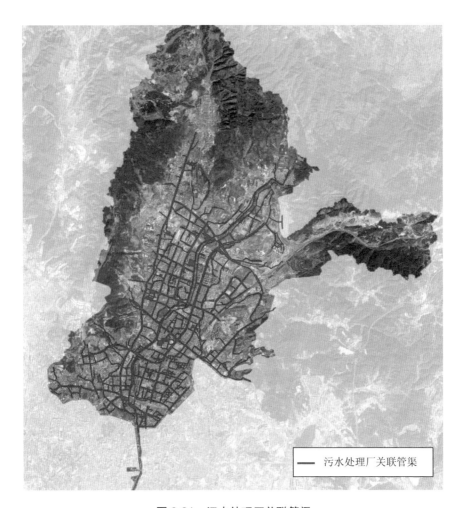

图 2-21　污水处理厂关联管渠

3）与河道系统及污水处理厂同时关联的管线分析

对河道排水系统和污水处理系统关联管线进行叠加分析，获得与河道系统和污水处理厂同时关联的管线共计 361.30 km，如图 2-22 所示。

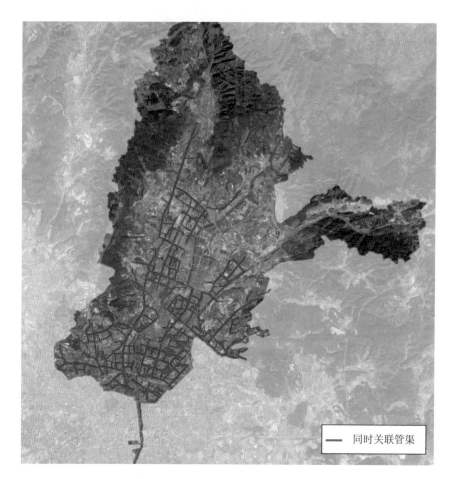

图 2-22　同时与河道系统及污水处理厂关联管渠

　　4）基于叠加分析的盘龙江片区合流制/分流制区域初步划分

　　合流制排水区域为同时与河道排水系统和污水处理系统关联的管渠对应的服务范围。初步划分结果为合流制区域面积为 76.54 km^2，分流制区域面积为 39.16 km^2，如图 2-23 所示。

图 2-23　基于叠加分析的合流制/分流制排水区域

5）修正后的盘龙江片区合流制/分流制区域确定

从盘龙江片区管网实际运行情况来看，部分区域由于末端排口封堵，片区雨污水通过管道收集后均进入污水处理系统，虽然管线分析结果仅与污水处理系统关联，但仍然属于分流制区域（喻晓琴，2014）。对基于叠加分析的合流制/分流制片区划分进行修正，最终确定盘龙江研究区范围合流制区域面积为 80.86 km^2，分流制区域为 34.84 km^2，片区雨污分流率为 30.11%，如图 2-24 所示。

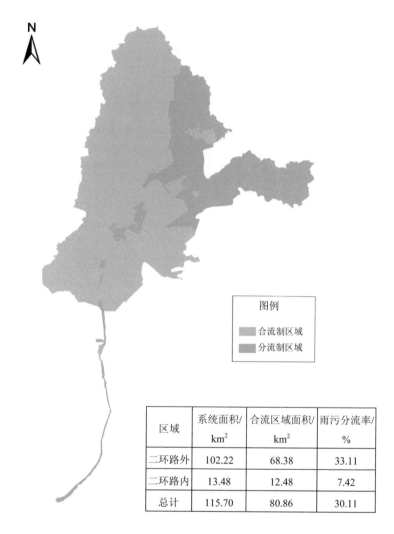

区域	系统面积/km²	合流区域面积/km²	雨污分流率/%
二环路外	102.22	68.38	33.11
二环路内	13.48	12.48	7.42
总计	115.70	80.86	30.11

图 2-24　盘龙江片区合流制/分流制排水区域

2.3.2　水质水量监测

1. 监测布点与监测方法

本研究共布设 40 个监测点位,包括盘龙江北片区管网系统污水水质水量监测点 19 个,盘龙江干流常规水质水量监测断面 7 个,盘龙江干流暴雨径流水质水量过程监测断面 1 个，片区合流污水排口水质水量监测点 6 个，片区雨水排口水质水量监测点 1 个以及片区合流沟渠溢流口液位监测点 6 个。

1）盘龙江北片区管网系统污水水质水量监测

以 19 个污水管干管作为监测点（表 2-16），监测方法为水质人工取样，旱季晴天连续 7 天水质水量监测，每天每个监测点采集一个样品，同时采用便携式高精度流量计测定瞬时流量；监测指标包括水量、TN、TP、NH_3-N、COD、悬浮物（SS）。

表 2-16　片区管网系统污水水质水量监测点位

编号	监测点名称	经度/（°）	纬度/（°）
污 1	盘江西路沣源路交叉口北侧污水干管	102.748 69	25.122 48
污 2	沣源路小康大道交叉口西北侧污水干管	102.742 30	25.127 78
污 3	盘江西路沣源路交叉口南侧污水干管	102.745 04	25.121 31
污 4	盘江西路金水湾小区西门南侧污水干管	102.735 38	25.114 56
污 5	盘江东路沣源路交叉口南侧污水干管	102.746 11	25.119 66
污 6	霖雨路污水管	102.733 80	25.097 31
污 7	龙江路月牙潭公园北门污水干管	102.727 64	25.095 66
污 8	金色大道月牙潭公园南门污水干管	102.722 17	25.091 16
污 9*	盘江西路金色大道交叉口南污水干管	102.723 39	25.089 12
污 11	金色大道盘江东路东北侧污水干管	102.725 09	25.088 73
污 12	盘江西路圆通沟调蓄池南侧污水干管	102.713 00	25.057 24
污 13	白云路万华路交叉口西北侧污水干管	102.716 79	25.071 05
污 14	金色大道盘江东路东北侧雨水管	102.725 87	25.091 17
污 15	盘江东路金色大道交叉口南污水干管	102.724 32	25.088 16
污 16	盘江西路梅江路交叉口南侧污水干管	102.711 81	25.074 27
污 17	盘江西路丽江路交叉口南侧污水干管	102.711 22	25.067 24
污 18	第四污水处理厂内进水总管	102.712 18	25.065 01
污 19	圆通沟	102.712 54	25.058 48

注：* 为第九污水处理厂、第十污水处理厂的合称，第九污水处理厂、第十污水处理厂位于同一位置。

2）盘龙江干流水质水量监测

本研究开展常规水质水量监测布点 7 个,其中 6 个监测点与盘龙江干流目前已进行的 6 个常规水质监测断面一致,另在盘龙江干流与严家村桥交叉处增设一个水量自动观测站(表 2-17)。监测方法为水质人工取样,监测前设立基本固定监测断面,计量基本断面形状用于核算流量,即计量不同水深条件下的断面宽度和不同位置的断面深度。每个监测断面每月开展 1 次监测,6 个常规水质水量监测断面须采集水样及测定瞬时流量,下游 1 个水量观测断面只观测流量。监测指标包括水量、TN、TP、NH_3-N、COD、SS。

表 2-17　盘龙江干流常规水质水量监测断面

编号	监测点名称	经度/(°)	纬度/(°)
常 1	瀑布公园上游 1 km 处断面	102.763 33	25.136 93
常 2	霖雨路大沟排口下游 15 m 处断面	102.733 22	25.096 23
常 3	北辰大沟排口下游 15 m 处断面	102.723 49	25.087 84
常 4	学府路大沟排口下游 15 m 处断面	102.711 01	25.061 96
常 5	敷润桥与盘龙江交叉断面	102.715 45	25.045 08
常 6	严家村桥与盘龙江交叉断面(备注:此断面增设一个水量自动观测站,且该断面同为干流暴雨径流水质水量过程监测断面)	102.707 66	24.969 06

3）盘龙江干流暴雨径流水质水量过程监测

于盘龙江下游干流与严家村桥交叉处设置 1 个水质水量过程监测断面,共采集 5 场降雨径流水样,涵盖小雨 1 场、中雨 2 场和大雨 2 场,确保每次降雨径流观测抓住水质水量变化过程。点位空间位置与上述常规监测 6 号断面一致。

监测方法:①水质监测为人工取样,在雨季有降雨径流时采样,降雨产流前采集 1 个水样作为本底水样,中到大雨产流前期至洪峰前时每半个小时采集一个水样,降雨后期每 2 个小时采集 1 个水样;小雨时产流前期至洪峰前 1 个小时采集水样,降雨后期每 2 个小时采集 1 个水样。②水量监测通过架设自动流量观测站进行水量实时连续观测记录。

监测指标包括水量、TN、TP、NH_3-N、COD、SS。

4）片区合流污水排口水质水量监测

于盘龙江片区合流污水入干流排口设置 6 个水质水量及溢流口液位监测点，共采集 5 场降雨径流水样，涵盖小雨 1 场、中雨 2 场和大雨 2 场，为确保每次降雨径流观测抓住水质水量变化过程，每次降雨过程的采样间隔 1 小时以上，采集不少于 24 个样品。监测指标包括水量、TN、TP、NH_3-N、COD_{Cr}、五日生化需氧量（BOD_5）、SS，片区合流污水排口水质水量监测点位信息见表 2-18，雨水排口水质水量监测点月牙潭公园雨水排口经度 102.725 84°，纬度 25.093 08°。

表 2-18　片区合流污水排口水质水量监测点

编号	监测点名称	经度/（°）	纬度/（°）
合 1	花渔沟排口	102.741 61	25.122 07
合 2	麦溪沟排口	102.736 47	25.115 13
合 3	霖雨路大沟排口	102.731 26	25.097 24
合 4	北辰大沟排口	102.725 04	25.087 05
合 5	财大大沟排口	102.721 44	25.085 75
合 6	学府路大沟排口	102.709 67	25.062 45

5）片区雨水排口水质水量监测

于月牙潭公园汇水区雨水排放口处设置 1 个水质水量监测点。计划采集 5 场降雨径流水样，涵盖小雨 1 场、中雨 2 场和大雨 2 场，为确保每次降雨径流观测抓住水质水量变化过程，每次降雨过程的采样间隔 1 小时以上采集不少于 24 个样品。

监测方法：①水质监测为人工取样，在雨季有降雨径流时采样，降雨产流前采集 1 个水样作为本底水样，中到大雨产流前期至洪峰前合流污水管渠水位每上涨 5 cm 采集一个水样，降雨后期每半小时采集 1 个水样；小雨时产流前期至洪峰前合流污水管渠水位每上涨 3 cm 采集 1 个水样，降雨后期每半小时采集 1 个水样。②水量监测通过架设自动流量观测站进行水量实时连续观测记录。监测指标包括水量、TN、TP、NH_3-N、COD、SS。

6）片区合流沟渠溢流口液位监测

于盘龙江片区合流污水沟渠入河溢流口设置 6 个水质水量及溢流口液位监测点，点位信息见表 2-19。监测方法为通过架设自动液位计进行溢流口水位实时连续观测记录；监测指标为溢流口水位。

表 2-19 片区合流沟渠溢流口液位监测点

编号	监测点名称	经度/（°）	纬度/（°）
溢 1	花渔沟溢流口	102.743 85	25.120 60
溢 2	麦溪沟溢流口	102.738 41	25.114 16
溢 3	霖雨路大沟溢流口	102.733 40	25.096 48
溢 4	北辰大沟溢流口	102.723 85	25.087 93
溢 5	财大大沟溢流口	102.722 12	25.085 18
溢 6	学府路大沟溢流口	102.710 76	25.062 25

2．监测结果分析

1）盘龙江北片区管网系统污水水质水量监测分析

基准年盘龙江北片区管网系统旱季流量监测主要为瞬时流量监测，受居民生活习惯影响，管网流量受监测时段影响较大，故无法利用本次瞬时流量监测结果进行污染负荷量计算。

流量监测方面，有 7 个点位由于水流缓慢无法进行流量监测，其余 12 个点位瞬时流量为 0.023～1.29 m³/s，流量差距较大。本次流量监测主要为瞬时流量，流量数据受采样时段影响明显，因此不适宜进行对比。虽然流量大小无法直接对比，但从流量分布规律上看，两次监测具有一定相似性，流量最小值均出现在 W6 号监测断面（霖雨路污水管）。水质监测方面，COD、SS、TP、TN 和 $NH_3\text{-}N$ 的平均浓度分别为 204.23 mg/L、176.29 mg/L、2.82 mg/L、27.35 mg/L 和 16.77 mg/L。各监测点位水质水量情况见表 2-20。

表 2-20 2017 年管网系统污水水质水量监测结果

编号	位置	COD/ （mg/L）	SS/ （mg/L）	TP/ （mg/L）	TN/ （mg/L）	$NH_3\text{-}N$/ （mg/L）	流量/ （m³/s）
W1	盘江西路沣源路交叉口北侧	327.14	101.57	1.56	17.40	10.47	0.07
W2	沣源路小康大道交叉口西北侧	98.43	313.7	4.47	47.84	28.72	0.14
W3	盘江西路沣源路交叉口南侧	160.86	236.43	2.85	24.36	15.44	0.50
W4	盘江西路金水湾小区西门南侧	246.00	196.60	2.31	24.16	15.90	0.43

编号	位置	COD/ （mg/L）	SS/ （mg/L）	TP/ （mg/L）	TN/ （mg/L）	NH₃-N/ （mg/L）	流量/ （m³/s）
W5	盘江东路沣源路 交叉口南侧	175.57	154.14	1.87	21.99	14.10	0.21
W6	霖雨路污水管	186.86	124.57	2.93	30.97	18.39	0.02
W7	龙江路月牙潭 公园北门	238.14	251.57	3.18	35.63	22.30	——
W8	金色大道月牙潭 公园南门	526.43	269.57	6.27	42.96	25.39	0.07
W9	盘江西路金色大 道交叉口南	154.71	177.86	3.79	28.98	17.44	——
W10	望江路西侧 （第五污水处理厂 进水泵房总管）	418.29	119.86	2.32	26.71	16.27	0.48
W11	金色大道盘江东 路东北侧	165.43	238.43	3.19	31.00	20.00	0.21
W12	盘江西路圆通沟 调蓄池南侧	157.57	159.86	1.82	27.01	16.90	——
W13	白云路万华路交 叉口西北侧	164.00	233.71	3.63	29.87	17.77	0.17
W14	金色大道盘江东 路东北侧雨水管	165.57	136.57	1.85	22.99	14.90	0.74
W15	盘江东路金色大 道交叉口南	50.34	142.00	1.53	17.80	10.02	——
W16	盘江西路梅江路 交叉口南侧	162.43	175.57	2.01	22.41	13.86	1.29
W17	盘江西路丽江路 交叉口南侧	103.68	56.29	1.61	7.95	4.98	——
W18	第四污水处理厂 内进水总管	189.14	132.14	3.54	31.54	18.94	——
W19	圆通沟	189.86	129.00	2.86	27.99	16.84	——

　　连续监测的 7 天内，各监测点各污染物的浓度分布如图 2-25 所示。整体而言，19 个监测点污染物浓度差异较大，其中 W2 号（除 COD 外）和 W8 号监测点污染物浓度相对较高，W1 号和 W17 号监测点浓度相对较低。W1 号浓度较低可能主要受上游山泉水混入影响，W17 号监测点浓度较低主要受盘龙江水位影响，周

边管线基本位于盘龙江水面以下，管网漏损等因素导致各污染物浓度偏低。

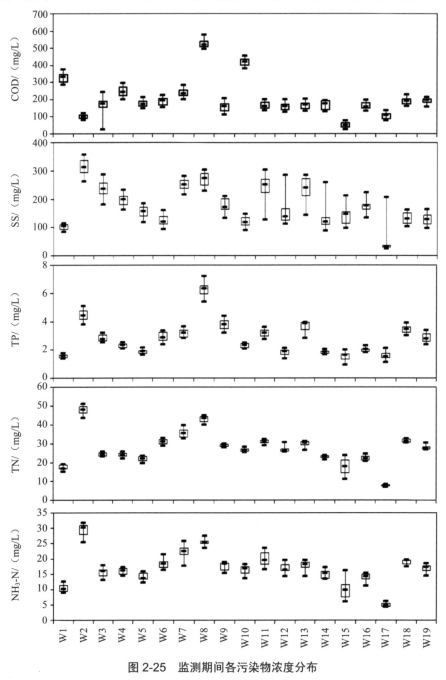

图 2-25　监测期间各污染物浓度分布

从 COD 浓度分布上看，除 W3 号监测点在监测期间浓度波动较大外，其余监测点 COD 浓度均比较稳定。其中，W8 号监测点浓度最高（均值 526.43 mg/L），W15 号监测点最低（均值 50.34 mg/L）。从 SS 浓度分布情况看，大部分监测点在监测期间浓度波动较大，W2 号监测点浓度最高（均值 313.7 mg/L），W17 号监测点最低（均值 56.29 mg/L）。从 TP 浓度分布情况看，各监测点浓度波动较为稳定，W8 号监测点浓度最高（均值 6.27 mg/L），W1 号监测点最低（均值 1.56 mg/L）。从 TN 浓度分布情况看，各监测点浓度波动均较为稳定，W2 号监测点浓度最高（均值 47.84 mg/L），W17 号监测点最低（均值 7.95 mg/L）。从 NH_3-N 浓度分布情况看，各监测点位浓度有一定的波动，W2 号监测点浓度最高（均值 28.72 mg/L），W17 号监测点最低（均值 4.98 mg/L）。

2）盘龙江干流水质水量监测结果分析

根据《地表水环境质量标准》（GB 3838—2002），采用单因子评价法对盘龙江干流 6 个水质监测断面的水质功能、标准指数和超标倍数等进行系统评价。

（1）时间变化分析。

对照地表水环境质量的Ⅲ类标准，对盘龙江干流 6 个监测断面 2017 年 3—8 月的监测数据进行分析，监测浓度和对应的水环境功能分析结果见表 2-21，标准指数和超标倍数分析结果统计见表 2-22。

表 2-21　盘龙江干流水质水量统计

1#监测断面												
时间	2017/3/25		2017/4/26		2017/5/27		2017/6/30		2017/7/27		2017/8/25	
	浓度/(mg/L)	功能	浓度/(mg/L)	功能	浓度/(mg/L)	功能	浓度/(mg/L)	功能	浓度/(mg/L)	功能	浓度/(mg/L)	功能
TP	0.05	Ⅱ	0.04	Ⅱ	0.04	Ⅱ	0.08	Ⅱ	0.08	Ⅱ	0.19	Ⅲ
TN	0.70	Ⅲ	0.68	Ⅲ	0.68	Ⅲ	1.31	Ⅳ	2.33	劣Ⅴ	4.29	劣Ⅴ
NH_3-N	0.32	Ⅱ	0.32	Ⅱ	0.34	Ⅱ	0.39	Ⅱ	0.17	Ⅱ	1.44	Ⅳ
高锰酸盐指数	2.59	Ⅱ	2.69	Ⅰ	2.08	Ⅱ	3.22	Ⅱ	3.47	Ⅱ	3.82	Ⅱ
2#监测断面												
时间	2017/3/25		2017/4/26		2017/5/27		2017/6/30		2017/7/27		2017/8/25	
	浓度/(mg/L)	功能	浓度/(mg/L)	功能	浓度/(mg/L)	功能	浓度/(mg/L)	功能	浓度/(mg/L)	功能	浓度/(mg/L)	功能
TP	0.06	Ⅱ	0.05	Ⅱ	0.06	Ⅱ	0.10	Ⅱ	0.12	Ⅲ	0.24	Ⅳ
TN	2.15	劣Ⅴ	2.29	劣Ⅴ	2.32	劣Ⅴ	4.79	劣Ⅴ	2.84	劣Ⅴ	4.44	劣Ⅴ
NH_3-N	0.12	Ⅰ	0.11	Ⅰ	0.39	Ⅱ	0.26	Ⅱ	0.52	Ⅲ	1.94	Ⅴ
高锰酸盐指数	1.95	Ⅰ	1.96	Ⅰ	1.85	Ⅰ	9.10	Ⅳ	3.11	Ⅱ	3.98	Ⅱ

3#监测断面												
时间	2017/3/25		2017/4/26		2017/5/27		2017/6/30		2017/7/27		2017/8/25	
	浓度/(mg/L)	功能	浓度/(mg/L)	功能	浓度/(mg/L)	功能	浓度/(mg/L)	功能	浓度/(mg/L)	功能	浓度/(mg/L)	功能
TP	0.09	II	0.06	II	0.058	II	0.31	V	0.17	III	0.11	III
TN	2.77	劣V	2.47	劣V	2.69	劣V	6.54	劣V	4.23	劣V	3.06	劣V
NH₃-N	0.80	III	0.11	I	0.38	II	2.31	劣V	1.07	IV	0.51	III
高锰酸盐指数	2.08	II	1.86	I	2.34	II	8.71	IV	2.95	II	3.32	II

4#监测断面												
时间	2017/3/25		2017/4/26		2017/5/27		2017/6/30		2017/7/27		2017/8/25	
	浓度/(mg/L)	功能	浓度/(mg/L)	功能	浓度/(mg/L)	功能	浓度/(mg/L)	功能	浓度/(mg/L)	功能	浓度/(mg/L)	功能
TP	0.09	II	0.08	II	0.07	II	0.18	III	0.12	III	0.14	III
TN	2.50	劣V	2.68	劣V	2.58	劣V	5.67	劣V	2.95	劣V	3.46	劣V
NH₃-N	0.56	III	0.12	I	0.25	II	0.85	III	0.53	III	0.89	III
高锰酸盐指数	2.18	II	2.07	II	1.98	I	8.82	IV	2.63	II	3.35	II

5#监测断面												
时间	2017/3/25		2017/4/26		2017/5/27		2017/6/30		2017/7/27		2017/8/25	
	浓度/(mg/L)	功能	浓度/(mg/L)	功能	浓度/(mg/L)	功能	浓度/(mg/L)	功能	浓度/(mg/L)	功能	浓度/(mg/L)	功能
TP	0.07	II	0.07	II	0.05	II	0.08	II	0.17	III	0.15	III
TN	2.17	劣V	2.77	劣V	2.71	劣V	5.57	劣V	3.04	劣V	3.87	劣V
NH₃-N	0.16	II	0.34	II	0.23	II	0.87	III	0.56	III	0.89	III
高锰酸盐指数	1.98	I	2.20	II	1.94	I	6.86	IV	2.55	II	2.75	II

6#监测断面												
时间	2017/3/25		2017/4/26		2017/5/27		2017/6/30		2017/7/27		2017/8/25	
	浓度/(mg/L)	功能	浓度/(mg/L)	功能	浓度/(mg/L)	功能	浓度/(mg/L)	功能	浓度/(mg/L)	功能	浓度/(mg/L)	功能
TP	0.08	II	0.10	II	0.08	II	0.09	II	0.12	III	0.07	II
TN	2.22	劣V	2.98	劣V	3.99	劣V	5.40	劣V	3.01	劣V	2.89	劣V
NH₃-N	0.18	II	0.46	II	0.96	III	0.78	III	0.54	III	0.23	II
高锰酸盐指数	2.04	II	2.27	II	2.16	II	3.92	II	2.83	II	2.87	II

表 2-22　盘龙江干流水质水量超标统计

1#监测断面												
时间	2017/3/25		2017/4/26		2017/5/27		2017/6/30		2017/7/27		2017/8/25	
	标准指数/（mg/L）	超标倍数	标准指数/（mg/L）	超标倍数	标准指数/（mg/L）	超标倍数	标准指数/（mg/L）	超标倍数	标准指数/（mg/L）	超标倍数	标准指数/（mg/L）	超标倍数
TP	0.27		0.18		0.18		0.42		0.42		0.94	
TN	0.70		0.68		0.67		1.31	0.31	2.33	1.33	4.29	3.29
NH$_3$-N	0.32		0.32		0.34		0.39		0.17		1.44	
高锰酸盐指数	0.43		0.45		0.35		0.54		0.58		0.64	

2#监测断面												
时间	2017/3/25		2017/4/26		2017/5/27		2017/6/30		2017/7/27		2017/8/25	
	标准指数/（mg/L）	超标倍数	标准指数/（mg/L）	超标倍数	标准指数/（mg/L）	超标倍数	标准指数/（mg/L）	超标倍数	标准指数/（mg/L）	超标倍数	标准指数/（mg/L）	超标倍数
TP	0.29		0.27		0.27		0.48		0.60		1.21	0.21
TN	2.15	1.15	2.29	1.29	2.32	1.32	4.79	3.79	2.84	1.84	4.44	3.44
NH$_3$-N	0.12		0.11		0.39		0.26		0.52		1.94	0.94
高锰酸盐指数	0.32		0.33		0.31		1.52		0.52		0.66	

3#监测断面												
时间	2017/3/25		2017/4/26		2017/5/27		2017/6/30		2017/7/27		2017/8/25	
	标准指数/（mg/L）	超标倍数	标准指数/（mg/L）	超标倍数	标准指数/（mg/L）	超标倍数	标准指数/（mg/L）	超标倍数	标准指数/（mg/L）	超标倍数	标准指数/（mg/L）	超标倍数
TP	0.46		0.28		0.29		1.54	0.54	0.85		0.56	
TN	2.77	1.77	2.47	1.47	2.69	1.69	6.54	5.54	4.23	3.23	3.06	2.06
NH$_3$-N	0.80		0.11		0.38		2.31	1.31	1.07	0.07	0.51	
高锰酸盐指数	0.35		0.31		0.39		1.45	0.45	0.49		0.55	

4#监测断面												
时间	2017/3/25		2017/4/26		2017/5/27		2017/6/30		2017/7/27		2017/8/25	
	标准指数/（mg/L）	超标倍数	标准指数/（mg/L）	超标倍数	标准指数/（mg/L）	超标倍数	标准指数/（mg/L）	超标倍数	标准指数/（mg/L）	超标倍数	标准指数/（mg/L）	超标倍数
TP	0.43		0.38		0.35		0.92		0.60		0.72	
TN	2.50	1.50	2.68	1.68	2.58	1.58	5.67	4.67	2.95	1.95	3.46	2.46
NH$_3$-N	0.59		0.12		0.25		0.89		0.53		0.89	
高锰酸盐指数	0.36		0.34		0.33		1.47	0.47	0.44		0.56	

5#监测断面												
时间	2017/3/25		2017/4/26		2017/5/27		2017/6/30		2017/7/27		2017/8/25	
	标准指数/(mg/L)	超标倍数	标准指数/(mg/L)	超标倍数	标准指数/(mg/L)	超标倍数	标准指数/(mg/L)	超标倍数	标准指数/(mg/L)	超标倍数	标准指数/(mg/L)	超标倍数
TP	0.34		0.35		0.26		0.40		0.87		0.75	
TN	2.17	1.17	2.79	1.79	2.71	1.71	5.57	4.57	3.04	2.04	3.87	2.87
$NH_3\text{-}N$	0.16		0.34		0.23		0.87		0.56		0.89	
高锰酸盐指数	0.33		0.37		0.32		1.14	0.14	0.42		0.46	

6#监测断面												
时间	2017/3/25		2017/4/26		2017/5/27		2017/6/30		2017/7/27		2017/8/25	
	标准指数/(mg/L)	超标倍数	标准指数/(mg/L)	超标倍数	标准指数/(mg/L)	超标倍数	标准指数/(mg/L)	超标倍数	标准指数/(mg/L)	超标倍数	标准指数/(mg/L)	超标倍数
TP	0.39		0.48		0.42		0.45		0.58		0.34	
TN	2.22	1.22	2.98	1.98	3.99	2.99	5.40	4.40	3.01	2.01	2.89	1.89
$NH_3\text{-}N$	0.18		0.46		0.96		0.78		0.54		0.23	
高锰酸盐指数	0.34		0.38		0.36		0.65		0.47		0.48	

盘龙江 1#监测断面位于瀑布公园上游 1 km 处，仅在 2017 年 6—8 月 TN 浓度超标，且超标倍数逐渐增加（分别为 0.31 倍、1.33 倍和 3.29 倍）。2#监测断面 TN 浓度全部超标，超标倍数变化趋势为 2017 年 3—6 月逐渐增加，6 月超标倍数最大（3.79 倍），7 月有所好转，8 月与 6 月持平；在 8 月出现了 TP、TN 和 $NH_3\text{-}N$ 均超标的情况。3#监测断面 TN 浓度全部超标，浓度变化趋势与 2#断面一致。3# 监测断面在 6 月出现了 TP、TN、$NH_3\text{-}N$ 和高锰酸盐指数（I_{Mn}）4 项指标均超标的情况，原因在于 6 月进入雨季，降水量增加导致汇入河道的污染物也相应增加。4#监测断面 TN 浓度全部超标，浓度变化趋势与 2#和 3#断面一致，但超标倍数明显减小；TP 浓度较 3#断面明显降低，超标现象消失；I_{Mn} 在 6 月超标 0.47 倍，与 3#断面基本相同。5#监测断面 TN 浓度全部超标，浓度变化趋势与 2#～4#断面一致，超标倍数逐渐减小；I_{Mn} 在 6 月超标 0.14 倍，较 4#断面明显减小。6#监测断面 TN 浓度全部超标，浓度变化趋势与 2#～5#断面一致，且超标倍数有所增加，与 2#断面相近；I_{Mn} 较 5#断面明显降低，超标现象消失。

1#监测断面位于 6 个监测断面的最上游，水环境质量相对最优。从 2#监测断面开始，后续 5 个监测断面均出现 TN 浓度在 2017 年 3—8 月全部超标的现象，且浓度均于 6 月达到最大值，7 月明显降低，8 月又有所回升。在 6 月，2#监测断面仅 TN 浓度超标，3#断面全部监测指标超标，4#和 5#断面 TN 浓度和 I_{Mn} 超标，6#断面仅 TN 浓度超标。上述结果表明，3#监测断面（北辰大沟排口下游 15 m 断面）易受污染，4 项监测指标的变化均较大，这一点在雨季初期降水量迅速增加的情况下表现得非常明显。

（2）空间变化分析。

2017 年 3 月，1#监测断面水质达标，2#～6#监测断面 TN 均超标（劣Ⅴ类），标准指数为 2.15～2.77，对应超标倍数为 1.15～1.77。除 TN 严重超标外，2#～6#监测断面其余水质指标均达标。

2017 年 4 月，6 个监测断面的水质达标和超标情况与 2017 年 3 月相同。1#监测断面水质达标，2#～6#监测断面均出现 TN 超标情况（劣Ⅴ类），标准指数为 2.29～2.98，对应超标倍数为 1.29～1.98，超标情况较 2017 年 3 月有所加重。除 TN 严重超标外，2#～6#监测断面其余水质指标均达标。

2017 年 5 月，6 个监测断面的水质达标和超标情况与 2017 年 3—4 月相同。1#监测断面水质达标，2#～6#监测断面均出现 TN 超标情况（劣Ⅴ类），标准指数为 2.32～3.99，对应超标倍数为 1.32～2.99，超标情况较 2017 年 3—4 月有所加重。除 TN 严重超标外，2#～6#监测断面其余水质指标均达标。

2017 年 6 月，6 个监测断面均出现监测指标超标的情况。1#监测断面 TN 为Ⅳ类，超标倍数为 0.31；2#监测断面 TN 为劣Ⅴ类，超标倍数为 3.79；3#监测断面 TP 为Ⅴ类，超标倍数为 0.54，TN 和 NH_3-N 均为劣Ⅴ类，超标倍数分别为 5.54 和 1.31，I_{Mn} 为Ⅳ类，超标倍数为 0.45；4#监测断面 TN 为劣Ⅴ类，超标倍数为 4.67，I_{Mn} 为Ⅳ类，超标倍数为 0.47；5#监测断面 TN 为劣Ⅴ类，超标倍数为 4.57，I_{Mn} 为Ⅳ类，超标倍数为 0.14；6#监测断面仅 TN 超标（劣Ⅴ类），超标倍数为 4.40。

2017 年 7 月，6 个监测断面监测指标的超标情况较 6 月有所减少。1#监测断面 TN 为劣Ⅴ类，超标倍数为 1.33；2#监测断面 TN 为劣Ⅴ类，超标倍数为 1.84；3#监测断面 TN 和 NH_3-N 为劣Ⅴ类和Ⅳ类，超标倍数分别为 3.23 和 0.07；4#监测断面 TN 为劣Ⅴ类，超标倍数为 1.95；5#监测断面 TN 为劣Ⅴ类，超标倍数为 2.04；6#监测断面 TN 为劣Ⅴ类，超标倍数为 2.01。

2017 年 8 月，6 个监测断面监测指标的超标情况较 7 月有所增加。1#监测断面 TN 为劣Ⅴ类，超标倍数为 3.29；2#监测断面 TP 为Ⅳ类，超标倍数为 0.21，TN 和 NH_3-N 分别为劣Ⅴ类和Ⅴ类，超标倍数分别为 3.44 和 0.94；3#～6#监测断面 TN 均为劣Ⅴ类，超标倍数为 1.89～2.87。

2017 年 3—5 月为旱季，盘龙江干流水质整体较好，6—8 月正值雨季，雨水较多，通过雨水带入河道的污染物相应增加，盘龙江干流水质指标超标情况明显加重。综观 2017 年 3—8 月盘龙江干流水质监测情况，TN 超标现象较为普遍。2017 年 3 月，6 个监测断面 TP 浓度变化不大；TN 浓度在 1#～3#断面逐渐升高，在 3#断面达到最大值，在 4#～6#断面又逐渐降低；NH_3-N 浓度变化趋势与 TN 浓度变化趋势一致；I_{Mn} 在 1#断面最高，在 2#断面有所降低，后续较平稳。

通过上述分析可知，盘龙江干流在 3#断面（北辰大沟排口下游 15 m 处断面）上游接纳了较多 TN 和 NH_3-N 含量较高的污水。2017 年 4 月，2#～6#断面 TN 浓度和 I_{Mn} 呈持续上升态势，NH_3-N 浓度和 TP 浓度在 4#断面开始上升，所有监测指标均在 6#断面达到最大值。2017 年 4 月，各监测指标浓度值较 3 月有所增加；2017 年 5 月，6 个监测断面的水质变化趋势与 4 月基本一致，受到 5 月降水量增加的影响，各监测指标浓度值有所增加；2017 年 6 月，各监测断面所有水质指标均达最大值，特别是 TN 和 I_{Mn}，其中，2#～4#监测断面水质指标浓度值最大。由雨季各监测断面水质指标变化趋势可知，1#监测断面的水质较好且变化不大，2#～4#监测断面的水质易受影响，到 6#监测断面水质又逐渐好转；受到降水量减少的影响，2017 年 7 月，各监测断面水质较 6 月有较大改善，3#监测断面水质最差。2017 年 8 月，6 个监测断面的水质指标与 7 月较相近，其中，1#监测断面水质变化不大，2#监测断面水质指标浓度较高，3#～6#监测断面水质浓度均平稳降低；在雨季末，易受污染的 2#～4#监测断面水质逐渐好转。

（3）盘龙江水质季节变化分析。

将盘龙江干流 6 个监测断面的水质浓度按照旱季（3—5 月）和雨季（6—8 月）分类，分别取各月平均值代表不同季节的水质浓度，进行水环境功能分析，结果见表 2-24。盘龙江干流 6 个监测断面的各监测指标的雨季平均值明显高于旱季平均值。对 TP 浓度变化而言，1#和 2#监测断面雨季是旱季的 2.8 倍，3#～6#监测断面雨季分别为旱季的 2.9 倍、1.9 倍、2.1 倍和 1.1 倍；对于 TN 浓度变化来说，1#～6#监测断面雨季分别是旱季的 3.8 倍、1.8 倍、1.7 倍、1.6 倍、1.6 倍和 1.2 倍，其中 1#监测断面浓度变化较大；NH_3-N 浓度的季节性变化从 2#监测断面开始较为凸显，从 2#监测断面雨季为旱季的 4.4 倍，到 6#监测断面降为 1.0 倍，高锰酸盐指数与 NH_3-N 浓度季节性变化相似，即 6 个监测断面旱季水质明显优于雨季，且均在 2#监测断面季节性差异最大，6#监测断面差异降到最小。

在旱季，表 2-23 显示 TP 和 NH_3-N 的浓度在 1#～6#监测断面变化不大；TN 在 1#～3#监测断面逐渐增大，在 3#～5#监测断面变化不大，在 6#监测断面达到最大值，I_{Mn} 从 1#监测断面到 2#监测断面有所降低，2#～6#监测断面变化不大。整体而言，随着雨季的到来，4 项水质指标浓度值均从 6 月开始增大。

在雨季，各项监测指标浓度值在 1#～6#监测断面间均呈现先增大后减小的趋势。其中，TP 和 NH_3-N 浓度在 3#监测断面呈现最大值，3#～6#监测断面浓度逐渐减小；TN 和 I_{Mn} 在 2#监测断面呈现最大值，2#～6#监测断面浓度逐渐减小。

表 2-23　盘龙江干流 6 个监测断面的季节水质统计

旱季（3—5 月）												
时间	1#断面		2#断面		3#断面		4#断面		5#断面		6#断面	
	浓度/ （mg/L）	功能	浓度/ （mg/L）	功能	浓度/ （mg/L）	功能	浓度/ （mg/L）	功能	浓度/ （mg/L）	功能	浓度/ （mg/L）	功能
TP	0.04	II	0.06	II	0.07	II	0.08	II	0.06	II	0.09	II
TN	0.69	III	2.25	劣 V	2.64	劣 V	2.59	劣 V	2.56	劣 V	3.07	劣 V
NH_3-N	0.33	II	0.21	II	0.43	II	0.32	II	0.24	II	0.53	III
高锰酸盐指数	2.46	II	1.92	I	2.09	II	2.08	II	2.04	II	2.16	II
雨季（6—8 月）												
时间	1#断面		2#断面		3#断面		4#断面		5#断面		6#断面	
	浓度/ （mg/L）	功能	浓度/ （mg/L）	功能	浓度/ （mg/L）	功能	浓度/ （mg/L）	功能	浓度/ （mg/L）	功能	浓度/ （mg/L）	功能
TP	0.12	III	0.15	III	0.20	III	0.15	III	0.14	III	0.09	II
TN	2.64	劣 V	4.03	劣 V	4.61	劣 V	4.03	劣 V	4.16	劣 V	3.77	劣 V
NH_3-N	0.67	III	0.91	III	1.30	IV	0.77	III	0.77	III	0.52	III
高锰酸盐指数	3.50	II	5.40	III	4.99	III	4.93	III	4.05	III	3.21	II

3）盘龙江干流暴雨径流水质水量过程监测结果分析

盘龙江下游严家村断面（6#监测断面）共采集 3 场暴雨径流，监测结果见表 2-24。分析结果表明，3 场降雨过程中各项污染物浓度平均值差异不显著（显著性检验概率 $P>0.05$），但均远超地表水Ⅲ类标准限值（河流），其中，COD 超标倍数为 1.3～1.8 倍，NH_3-N 超标倍数为 1.2～2.9 倍，TP 超标倍数为 1.7～2.3 倍，体现出强烈的氮磷污染特征。由于该断面离盘龙江入湖口距离非常近，结合暴雨径流带来的巨大径流量，必然带来大量入湖冲击性污染负荷。

表 2-24 严家村桥断面（6#监测断面）3 场暴雨径流过程监测结果

时间	采样时间	样品编号	COD/（mg/L）	TN/（mg/L）	NH_3-N/（mg/L）	TP/（mg/L）	SS/（mg/L）
7月3—4日	10:45	1	25.33	5.60	1.38	0.29	29.33
	14:10	2	24.28	5.26	1.36	0.28	33.20
	18:00	3	27.69	5.63	1.80	0.33	37.77
	23:00	4	29.45	6.82	2.09	0.38	46.50
	6:00	5	44.41	8.67	2.48	0.62	68.13
	11:15	6	37.47	5.18	2.38	0.52	56.33
	14:00	7	28.79	5.40	1.61	0.42	41.20
	16:30	8	27.75	5.33	1.16	0.30	38.67
	20:30	9	20.12	5.25	0.83	0.26	31.40
	平均值		29.48	5.90	1.68	0.38	42.50
7月7—8日	11:30	1	16.65	5.84	0.67	0.27	21.33
	15:30	2	18.39	6.14	0.71	0.29	29.67
	18:00	3	32.96	10.02	3.18	0.52	36.32
	21:05	4	47.88	16.97	6.53	0.67	42.40
	23:25	5	26.02	14.03	3.92	0.56	18.67
	4:30	6	23.77	13.69	3.22	0.51	18.12
	8:30	7	22.55	13.21	2.69	0.49	12.33
	12:05	8	20.12	6.67	1.85	0.31	15.80
	平均值		26.04	10.82	2.85	0.45	24.33

时间	采样时间	样品编号	COD/(mg/L)	TN/(mg/L)	NH₃-N/(mg/L)	TP/(mg/L)	SS/(mg/L)
7 月 9—10 日	10:40	1	31.22	6.03	0.77	0.34	34.80
	14:30	2	25.33	5.41	0.31	0.41	41.33
	18:30	3	27.75	6.35	2.15	0.34	36.20
	22:10	4	26.02	6.10	1.87	0.32	33.67
	1:30	5	28.44	5.42	1.60	0.44	40.89
	4:30	6	27.58	5.30	1.15	0.39	36.76
	8:30	7	20.42	5.25	0.85	0.21	30.72
	12:30	8	20.22	6.65	1.07	0.32	31.33
	平均值		25.87	5.81	1.22	0.35	35.71

4）片区合流污水排口水质水量监测结果分析

研究区 6 个合流污水监测点根据要求分别完成了 5 场降雨采样要求，每次采集不少于 24 个样本，监测指标为流量、COD、TN、NH₃-N、TP、SS，监测结果分析如下。

（1）降雨—径流—污染物变化特征。城市径流污染是在降雨径流与地表污染物相互作用下形成的，城市径流污染过程就是降雨及其形成的径流对地表污染物的溶解、冲刷，最终排放进入受纳水体的过程（Müller et al.，2020）。在一次降雨径流过程中，径流中污染物浓度随时间的变化特征主要取决于降雨径流特征和地表污染物数量（Lee et al.，2011；Ouyang et al.，2012）。监测点典型的降雨—径流—污染物浓度的实际变化过程可参考花渔沟（图 2-26）和北辰大沟（图 2-27）。

初期径流污染严重是盘龙江片区城市径流污染过程的基本特征。随着降雨径流的产生和径流量的增加，各监测点 SS、COD、TN、NH₃-N 和 TP 的浓度很快升高并达到峰值，随后迅速下降并趋于稳定。其中，学府路大沟、北辰大沟受生活污水影响，污染物浓度随径流量增加明显下降，降雨过后又呈现一定的上升趋势。各项污染物浓度的变化特征基本相似，污染物浓度的峰值提前于径流的峰值，整体表现为初期径流中污染物的浓度高于后期径流中污染物的浓度。

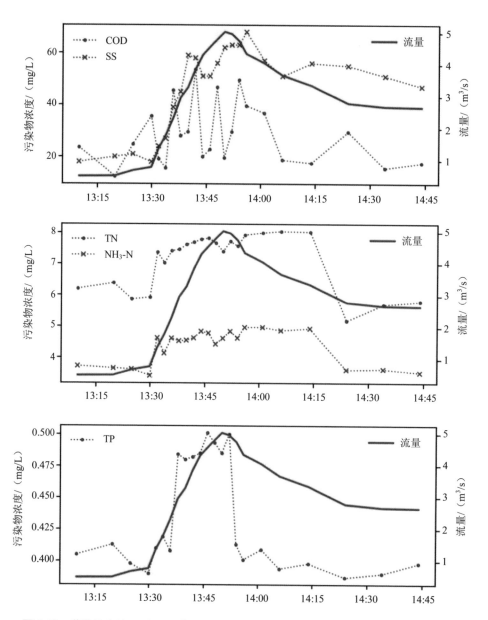

图 2-26　花渔沟合流口（2017 年 7 月 12 日）次降雨—径流—污染物浓度的变化过程

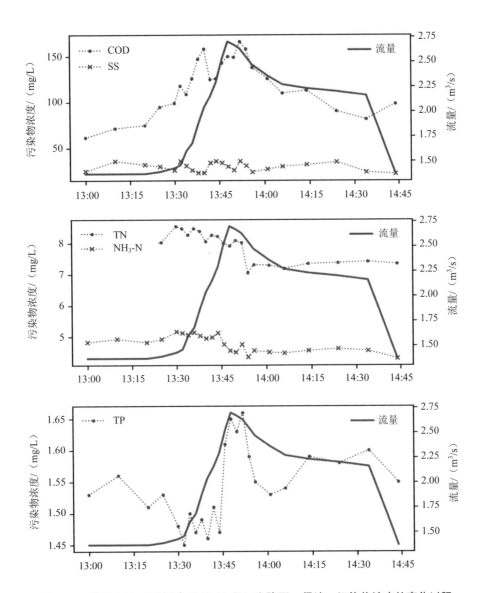

图 2-27　北辰大沟（2017 年 7 月 12 日）次降雨—径流—污染物浓度的变化过程

各监测点在径流流量达到峰值前，虽然流量继续升高、冲刷能力增强，但是污染物浓度已经开始下降。一方面，随着径流流量的增加稀释作用在加强；另一方面，说明集水区中累积的污染物在减少，降雨径流已经对集水区中累积的污染物形成有效冲刷。这一特点是城市暴雨径流污染过程中，初期径流污染物浓度高于后期径流污染物浓度的主要原因，即城市径流污染的初期冲刷特征。

（2）径流污染程度的表征及其特征。由于降雨特征、汇水区特征和污染物本身性质的影响，城镇区域内一次径流污染过程中污染物浓度变化范围较大且随机性强（任玉芬等，2005）。为表征一次径流污染事件的污染程度以及对受纳水体的影响，需要对一场降雨径流的污染负荷做出总体评价。目前最为常用的指标即为降雨径流事件平均浓度（Event Mean Concentration，EMC），表示在一场降雨径流全过程排放中某污染物的平均浓度。在一次径流污染过程中，由于受纳水体对径流污染的响应滞后于径流污染物浓度的变化过程（Baldys et al.，1998），所以利用EMC评价径流污染对水质的影响是合理的（李春林等，2013）。EMC是指一次径流污染过程中污染物的流量加权平均浓度，即总污染物量与总径流量之比（董欣等，2008）。假如一次径流的持续时间为 t，那么 EMC 可表达为（Maniquiz et al.，2010）：

$$\mathrm{EMC} = \frac{M}{V} = \frac{\int_0^t C_t Q_t \mathrm{d}t}{\int_0^t Q_t \mathrm{d}t} = \frac{\sum_{i=1}^n Q_i C_i}{\sum_{i=1}^n Q_i} \tag{2-4}$$

式中，EMC 为污染物次降雨平均浓度，mg/L；M 为整个降雨过程中总污染物含量，g；V 为相对应的总径流量，L；t 为径流时间，min；C_t 为随时间变化的污染物含量，mg/L；Q_t 为随时间变化的径流流量，L/min；n 为 t 时间段内径流取样次数；Q_i 指第 i 次取样时的流量，L/min；C_i 为第 i 次取样时的污染物含量，mg/L。

应用上述方法分别计算出不同监测点 5 场降雨次降雨径流 EMC 以及多次降雨 EMC 的平均值，结果见表 2-25。监测项目较多，表中仅列出 TN、TP、COD、NH$_3$-N、SS。

表 2-25　不同监测点 5 场降雨次降雨径流 EMC　　　单位：mg/L

监测点	采样日期	COD	TN	NH₃-N	TP	SS
花渔沟 （合流污水口）	6 月 16 日	32.40	7.22	4.42	0.40	35.62
	6 月 22 日	32.15	5.82	3.55	0.44	26.89
	6 月 26 日	40.41	6.95	4.21	0.46	46.57
	6 月 27 日	31.54	7.12	4.35	0.43	38.35
	7 月 12 日	29.88	7.31	4.49	0.44	54.21
	平均值	33.28	6.88	4.20	0.43	40.33
麦溪沟 （合流污水口）	6 月 16 日	34.34	6.89	4.24	0.56	35.57
	6 月 22 日	39.61	5.50	3.44	0.52	31.04
	6 月 26 日	42.81	6.59	4.03	0.52	36.11
	6 月 27 日	41.20	6.76	4.10	0.49	39.23
	7 月 12 日	35.43	6.93	4.19	0.48	36.98
	平均值	38.68	6.53	4.00	0.52	35.79
北辰大沟 （合流污水口）	6 月 16 日	123.55	7.74	4.66	1.58	29.43
	6 月 22 日	123.04	6.23	3.80	1.77	29.81
	6 月 26 日	121.14	7.33	4.49	7.60	29.81
	6 月 27 日	118.81	7.65	4.67	1.57	30.07
	7 月 12 日	122.63	7.82	4.74	1.55	29.56
	平均值	121.83	7.35	4.47	2.82	29.74
霖雨路大沟 （合流污水口）	6 月 16 日	50.26	3.35	2.05	0.32	16.83
	6 月 22 日	44.47	2.54	1.56	0.24	17.21
	6 月 26 日	42.70	3.21	1.96	0.27	16.79
	6 月 27 日	41.81	3.30	1.99	0.25	16.75
	7 月 12 日	35.33	3.41	2.07	0.26	17.38
	平均值	42.91	3.16	1.93	0.27	16.99
财大大沟 （合流污水口）	7 月 7 日	89.66	8.92	8.07	0.94	38.86
	7 月 9 日	71.13	14.78	13.03	1.39	54.83
	7 月 13 日	71.90	6.01	4.82	0.78	48.05
	7 月 19 日	36.77	6.19	3.28	0.48	45.73
	7 月 22 日	24.91	5.88	4.97	0.57	30.96
	平均值	58.88	8.36	6.83	0.83	43.69

监测点	采样日期	COD	TN	NH$_3$-N	TP	SS
学府路大沟（合流污水口）	7 月 12 日	79.43	13.43	12.20	1.25	66.17
	7 月 14 日	92.08	9.81	7.22	0.74	62.50
	7 月 16 日	73.41	9.29	7.30	0.70	35.78
	8 月 10 日	28.25	7.37	5.61	0.86	39.64
	8 月 24 日	87.32	11.20	8.97	0.82	39.47
	平均值	72.10	10.22	8.26	0.88	48.71

从绝对值来看，所有监测沟渠各项污染物 5 场降雨过程 EMC 平均值均远超Ⅲ类标准限值，如 TN 和 TP 的超标倍数最高分别为 10.2 和 14.1，结合整个暴雨径流过程的巨大径流量可知，如发生溢流必然出现大量污染负荷排入盘龙江的情况。

已有的观测研究结果表明，雨污合流排水系统的径流污染要比分流制排水系统严重（史秀芳等，2020；杨默远等，2020），合流污水污染物最高浓度甚至高于污水。相比生活污水，3 个不同类型集水区次降雨污染物的平均浓度值都相对较低，主要原因为该次监测降雨发生在昆明雨季中期。中期降雨污染物浓度最低，主要原因：①管道沉积物经过雨季前期降雨的冲刷，使中期降雨径流来自合流管道的沉积物污染物大大减少；②昆明市雨季中期降水量较大、较为密集（宋耀莲和武双新，2020），造成地表污染物累积量相对较小，该降雨特性决定了研究区雨季中期降雨污染物浓度相对较低。

比较不同类型区域多次降雨径流污染物 EMC 平均值，可发现：除 TN 和 NH$_3$-N指标外，典型片区雨水排口——月牙塘公园北门雨水管集水区各项污染物 EMC值都明显高于财大大沟和学府路大沟等片区典型合流制排水区，前者几场降雨的COD 和 TP 的 EMC 均值是后两者的 1.2～1.5 倍和约 1.4 倍。因此，受不同类型尺度集水区土地利用类型、城市地表的卫生管理状况、排水系统错接混接等因素影响，盘龙江片区雨水排口的径流污染状况和合流管道排口相比同样严重。

两种不同类型集水区的 COD、TN 和 NH$_3$-N 指标变异指数有明显差异，月牙塘公园北门雨水管集水区变异指数明显高于财大大沟和学府路大沟。合流排水系统内晴天管道污染累积为暴雨径流污染带入了相对充足的污染物，导致径流污染过程加长，所以其污染物浓度变异指数相对较低，雨水口暴雨径流过程中污染物浓度的变化程度更加剧烈。

5）片区雨水排口水质水量监测结果分析

城市面源由降雨径流产生，经过河道截污整治后，旱天生活污水已被完全截污处理，因此，雨季暴雨径流导致的城市面源及合流管渠溢流是河道水体的主要污染源。研究区主要以居民区、商业区、城市道路等不透水硬质下垫面为主，包括公园、道路绿地、城郊接合部透水地表等一些软质的透水地表。此类下垫面决定了区域面源具有如下特征：

（1）硬质下垫面占大多数，径流系数大、形成径流时间短、地下入渗量小、对污染物的冲刷强烈，径流形成以短时间的地表径流和管内流为主（欧阳威等，2010）。

（2）面源污染来源主要为城市道路上由交通工具产生的污染物，屋面和地表的大气干湿沉降，合流管渠内晴天污染物累积，以及路面垃圾、城区雨水口的垃圾和污水等。

（3）生活源是研究区最主要的污染来源，旱天排水系统的水质水量相对稳定，通过末端污水处理厂处理，但受水力条件所限，部分区域污染物大量累积于合流管渠内。

（4）雨天降雨冲刷污染物通过溢流口瞬间释放，河道水量短时间成倍增加，水质在短时间内变化幅度加大，区域污染物输出波动较大。

月牙塘公园雨水口采集 5 次暴雨径流，监测结果见表 2-26。

表 2-26　月牙塘公园雨水口 5 次暴雨径流过程监测结果

日期	时间	流量/ （m³/s）	COD/ （mg/L）	TN/ （mg/L）	NH₃-N/ （mg/L）	TP/ （mg/L）	SS/ （mg/L）
7 月 7 日	10:00	0.29	89.74	6.94	6.35	0.93	88.33
	10:15	0.42	104.65	7.80	6.47	0.94	95.12
	10:30	0.57	119.56	8.66	6.60	0.96	101.90
	10:43	0.64	141.31	10.03	7.66	1.18	102.55
	10:52	0.71	163.05	11.39	8.73	1.39	103.20
	11:15	0.75	138.54	9.93	7.96	1.33	108.36
	11:39	0.79	114.02	8.47	7.19	1.27	113.51

日期	时间	流量/ （m³/s）	COD/ （mg/L）	TN/ （mg/L）	NH₃-N/ （mg/L）	TP/ （mg/L）	SS/ （mg/L）
	12:03	0.81	89.51	7.01	6.42	1.20	118.67
	12:22	0.79	87.50	6.98	6.37	1.12	115.91
	12:41	0.74	85.49	6.94	6.31	1.04	113.16
	13:00	0.69	83.48	6.91	6.26	0.96	110.40
	13:19	0.66	79.94	6.89	6.17	0.95	105.71
	13:38	0.63	76.40	6.86	6.09	0.93	101.02
	13:58	0.60	72.85	6.84	6.01	0.92	96.33
	14:16	0.57	72.25	6.82	5.93	0.90	97.60
7月7日	14:34	0.54	71.64	6.80	5.85	0.89	98.87
	14:52	0.51	71.03	6.78	5.77	0.88	100.13
	15:10	0.48	70.42	6.76	5.70	0.86	101.40
	15:35	0.41	74.13	7.91	6.97	0.93	93.67
	16:00	0.35	77.83	9.07	8.24	1.01	85.93
	16:25	0.29	81.53	10.22	9.51	1.08	78.20
	16:49	0.23	80.14	10.16	9.39	1.05	65.36
	17:14	0.18	78.75	10.09	9.26	1.02	52.51
	17:39	0.14	77.36	10.03	9.14	1.00	39.67
	10:08	0.32	106.85	9.89	8.55	1.05	89.33
	10:29	0.33	110.15	10.56	9.27	1.16	87.85
	10:51	0.34	113.44	11.22	9.99	1.28	86.37
	11:13	0.36	116.74	11.88	10.71	1.39	84.88
	11:35	0.37	120.03	12.54	11.42	1.50	83.40
	11:48	0.39	117.49	12.43	11.11	1.55	84.38
7月9日	12:02	0.40	114.94	12.33	10.80	1.59	85.37
	12:16	0.42	112.40	12.22	10.49	1.63	86.35
	12:30	0.43	109.85	12.11	10.18	1.68	87.33
	12:46	0.44	108.28	11.80	9.91	1.72	87.88
	13:03	0.45	106.71	11.48	9.63	1.77	88.44
	13:19	0.46	105.15	11.17	9.36	1.81	88.99
	13:36	0.47	103.58	10.86	9.08	1.86	89.54

日期	时间	流量/（m³/s）	COD/（mg/L）	TN/（mg/L）	NH₃-N/（mg/L）	TP/（mg/L）	SS/（mg/L）
7 月 9 日	13:52	0.48	102.01	10.54	8.81	1.90	90.09
	14:09	0.49	100.44	10.23	8.54	1.95	90.65
	14:26	0.50	98.87	9.91	8.26	1.99	91.20
	14:42	0.48	95.62	9.99	8.58	1.83	88.32
	14:58	0.45	92.37	10.07	8.90	1.66	85.44
	15:14	0.43	89.12	10.15	9.22	1.49	82.55
	15:30	0.41	85.86	10.22	9.53	1.32	79.67
	15:40	0.38	82.18	10.17	9.40	1.29	79.09
	15:50	0.36	78.49	10.12	9.28	1.25	78.50
	16:00	0.34	74.80	10.07	9.15	1.21	77.92
	16:10	0.32	71.12	10.01	9.02	1.18	77.33
7 月 12 日	9:20	0.19	75.63	12.11	10.80	1.08	62.33
	9:30	0.21	76.12	12.09	10.84	1.16	64.92
	9:40	0.23	76.62	12.06	10.88	1.24	67.50
	9:50	0.25	77.11	12.04	10.92	1.32	70.09
	10:00	0.27	77.61	12.01	10.96	1.40	72.67
	10:11	0.29	78.42	12.08	11.02	1.39	72.92
	10:22	0.32	79.22	12.15	11.07	1.38	73.17
	10:33	0.34	80.03	12.22	11.13	1.37	73.42
	10:45	0.37	80.83	12.29	11.19	1.36	73.67
	10:54	0.36	83.95	12.17	11.04	1.32	71.98
	11:03	0.36	87.08	12.05	10.89	1.28	70.28
	11:12	0.35	90.20	11.93	10.74	1.24	68.59
	11:21	0.34	93.32	11.80	10.59	1.20	66.89
	11:31	0.34	96.44	11.68	10.44	1.17	65.20
	11:44	0.32	96.93	11.95	10.70	1.17	63.84
	11:57	0.30	97.42	12.22	10.96	1.17	62.48
	12:10	0.28	97.90	12.49	11.22	1.18	61.12
	12:23	0.26	98.39	12.76	11.48	1.18	59.76
	12:37	0.25	98.87	13.03	11.74	1.19	58.40

日期	时间	流量/ （m³/s）	COD/ （mg/L）	TN/ （mg/L）	NH₃-N/ （mg/L）	TP/ （mg/L）	SS/ （mg/L）
	12:49	0.24	95.23	12.91	11.53	1.18	56.99
	13:02	0.22	91.58	12.79	11.33	1.17	55.57
7月12日	13:14	0.21	87.94	12.67	11.13	1.17	54.16
	13:27	0.20	84.29	12.55	10.92	1.16	52.74
	13:40	0.19	80.65	12.44	10.72	1.15	51.33
	1:15	0.26	62.45	5.86	4.66	0.75	44.33
	1:25	0.28	68.71	6.60	5.56	0.87	46.49
	1:35	0.31	74.98	7.34	6.46	0.99	48.64
	1:45	0.34	81.24	8.08	7.36	1.11	50.80
	1:55	0.37	89.78	8.75	8.03	1.06	46.31
	2:05	0.41	98.31	9.42	8.70	1.00	41.82
	2:15	0.45	106.85	10.09	9.38	0.95	37.33
	2:26	0.48	120.00	10.36	9.57	1.17	53.66
	2:38	0.52	133.16	10.64	9.75	1.39	70.00
	2:50	0.56	146.31	10.91	9.94	1.61	86.33
	3:01	0.61	172.47	12.34	11.37	1.64	90.44
	3:13	0.65	198.64	13.78	12.80	1.67	94.56
7月14日	3:25	0.69	224.80	15.21	14.22	1.69	98.67
	3:36	0.65	190.09	14.14	13.14	1.59	90.00
	3:48	0.61	155.38	13.08	12.05	1.50	81.34
	4:00	0.56	120.67	12.01	10.96	1.40	72.67
	4:10	0.50	108.55	10.35	8.78	1.13	62.34
	4:20	0.45	96.42	8.68	6.60	0.86	52.00
	4:30	0.39	84.30	7.01	4.43	0.60	41.67
	4:42	0.37	79.24	6.83	4.41	0.61	43.98
	4:54	0.34	74.17	6.64	4.37	0.63	46.28
	5:06	0.32	69.11	6.45	4.34	0.65	48.59
	5:18	0.30	64.04	6.27	4.32	0.64	50.89
	5:30	0.28	58.98	6.08	4.30	0.68	53.20

日期	时间	流量/ （m³/s）	COD/ （mg/L）	TN/ （mg/L）	NH₃-N/ （mg/L）	TP/ （mg/L）	SS/ （mg/L）
	16:16	0.26	58.28	5.92	1.63	1.03	86.33
	16:25	0.28	58.79	6.34	1.80	0.87	93.33
	16:35	0.31	59.29	6.75	1.97	0.70	100.33
	16:45	0.34	59.79	7.17	2.15	0.54	107.33
	16:55	0.37	56.97	7.76	4.04	0.82	107.78
	17:05	0.41	54.16	8.35	5.93	1.10	108.22
	17:15	0.45	51.34	8.94	7.82	1.37	108.67
	17:25	0.48	53.81	9.34	8.26	1.45	101.22
	17:35	0.52	56.27	9.73	8.70	1.53	93.78
	17:45	0.56	58.74	10.13	9.14	1.61	86.33
	17:55	0.61	60.90	10.76	9.75	1.54	81.78
7月19日	18:05	0.65	63.06	11.39	10.35	1.47	77.22
	18:15	0.69	65.22	12.01	10.96	1.40	72.67
	18:23	0.65	57.36	10.70	9.76	1.30	81.71
	18:31	0.61	49.49	9.39	8.56	1.20	90.76
	18:40	0.56	41.63	8.08	7.36	1.11	99.80
	18:47	0.50	47.41	7.61	5.48	1.11	131.42
	18:55	0.45	53.19	7.14	3.61	1.10	163.05
	19:03	0.39	58.98	6.66	1.73	1.10	194.67
	19:13	0.37	58.33	6.55	1.68	1.02	180.82
	19:24	0.34	57.68	6.45	1.64	0.94	166.96
	19:34	0.31	57.03	6.35	1.59	0.86	153.11
	19:45	0.30	56.38	6.24	1.54	0.78	139.25
	19:56	0.28	55.73	6.14	1.50	0.70	125.40

6）片区流量与水位自动监测结果

盘龙江干流流量、合流管及雨水管流量监测和溢流口溢流量自动监测结果如图 2-28～图 2-30 所示。

（1）盘龙江干流流量自动监测。

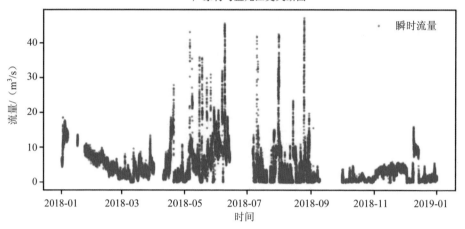

注：部分时间设备由于故障与维修，缺少数据。

图 2-28 盘龙江干流流量自动监测

（2）合流管及雨水管流量自动监测。

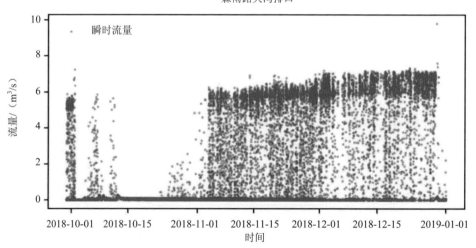

图 2-29 合流管及雨水管流量自动监测

（3）溢流口溢流量自动监测。

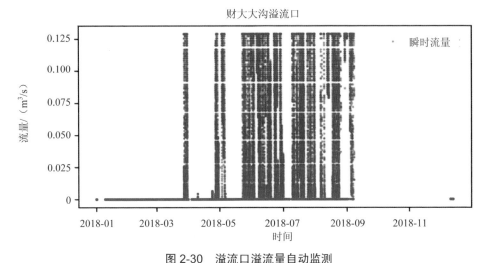

图 2-30　溢流口溢流量自动监测

2.4　城市河流水动力-水质模型构建

2.4.1　模型选择与原理

1. 模型选择

本书以盘龙江为例构建城市河流水动力-水质模型。构建盘龙江水动力-水质模型的目的在于解析盘龙江排口污染物输入与盘龙江水质的响应关系，评估分析重点排口对盘龙江的水质贡献率，明确重点排口污染物削减要求。本研究采用北京英特利为环境科技有限公司开发的 Intelway-AW 软件实现水动力-水质模拟，该软件主要优势如下：

（1）应用广泛。Intelway-AW 模型软件以环境流体动力学模型（Environmental Fluid Dynamics Code，EFDC）为计算内核（Wu and Xu，2011），能够模拟任意多种水质污染物的降解/沉降动力学过程及污染物之间相互转化动力学，以及进行底泥内源参数表达（刘永等，2021）。因此，Intelway-AW 相比标准 EFDC 而言，更适用于城市河流片区水动力-水质的模拟（Zou et al.，2018）。

（2）应用灵活。Intelway-AW 模型具有强大的模型前处理和后处理功能，在模拟过程中可以实时显示模拟结果，使模型从构建、校准到应用的全过程更为直观。

（3）计算步长及输出结果灵活可调。Intelway-AW 模型的水动力计算时间步长依据计算稳定性确定，一般为秒到分钟的范围；输出结果的频率由使用者指定，一般为小时到天的范围。

（4）水动力与水质紧密耦合。Intelway-AW 模型将水动力与水质耦合在一个系统内，水动力模块经模拟计算能够为水质模块提供流场和温度场，水质模块利用边界条件和水动力模块提供的流场和温度场计算水体水质的时空分布。水质模块的模拟指标为多种污染物，如 TN、TP、COD 和 NH_3-N 等。水质模拟计算的时间步长与水动力模型一致，由此形成紧密的内部耦合计算系统。

2．Intelway-AW 简介

Intelway-AW 以 EFDC 为计算内核，充分考虑当前国内在水环境影响评估和水污染事故预警中存在的实际水质再现与科学定量问题，能够实现对普通污染物（TN、TP、NH_3-N 和 COD）、重金属、油类和悬浮物等众多类型污染因子的一维、二维和三维水循环、水温、染料示踪剂、各种类型污染物泄漏的迁移转化以及拉格朗日粒子跟踪模拟、衰减、迁移扩散及沉降动力学过程等的模拟（邹锐等，2012，2013）。Intelway-AW 的主要功能是实现对湖泊、水库及河流内部动力学与水质动态过程的数值再现，对污染物进入湖库及河流之后的生命周期进行跟踪，从而建立污染负荷与水体内部的水质响应定量关系，为水环境影响评估和水污染事故预警提供科学的定量决策依据。

Intelway-AW 还允许在模拟进行到任何时间节点时，快速地可视化从模拟开始到当前为止的所有模拟结果，如时间序列图、空间动画和流场动画等，使操作者可以快速有效地判断计算结果的合理性，以此决定继续模拟还是中断模拟。为提升水质模型建立及校验效率，Intelway-AW 设置了"参数检索"快捷功能，以便快速定位所关心的水质模型参数值。

3．模型原理

1）水动力模块

对水体水质模拟而言，需要先了解并预测环境中流体的流动过程与流体中溶解、悬浮物质准三维空间的迁移、混合过程，因此需要定量研究水体的环境流体动力学特征。这些流体在垂直方向上具有本质上的流体静力学特征，同时具有边界层特征。只有对运动方程组与迁移方程组（用来描述溶解、悬浮物质的迁移、混合过程）求数值解，才能对这些流体进行实际模拟（Schnoor，1996；Wu and Xu，2011；Zhao et al.，2013）。

环境流体具有水平尺度特征，且水平比垂向有更大的尺度值，其控制方程组采用不可压缩、密度可变流体的湍流运动方程组这一形式，且在垂直方向具备流体静力学和边界层特征。为更加符合现实的水平边界特征，在此引入水平的曲线正交坐标系对方程组进行转换。同时，为了在垂直方向或重力矢量方向实现均匀地以水底地形和自由表面为边界的分层，需要对垂直坐标进行拉伸变换如下（Ji，2017）：

$$z = (z^* + h)/(\zeta + h) \tag{2-5}$$

式中，z^* 为最初的物理纵坐标；h 和 ζ 分别为水底地形与自由表面在物理坐标系中的纵坐标。

对湍流运动方程组（具有垂向流体静力学的边界层）进行变换，同时对可变密度取布辛涅斯克近似（Boussinesq approximation），可以导出动量与连续性方程组以及盐度、温度的迁移方程组（Kleinstreuer，1997）。主要方程如下（Ji，2017）：

$$\partial_t (mHu) + \partial_x (m_y Huu) + \partial_y (m_x Hvu) + \partial_z (mwu) - (mf + v\partial_x m_y - u\partial_y m_x)Hv$$
$$= -m_y H \partial_x (g\zeta + p) - m_y (\partial_x h - z\partial_x H)\partial_z p + \partial_z (mH^{-1}A_v \partial_z u) + Q_u$$
$$\tag{2-6}$$

$$\partial_t (mHv) + \partial_x (m_y Huv) + \partial_y (m_x Hvv) + \partial_z (mwv) + (mf + v\partial_x m_y - u\partial_y m_x)Hu$$
$$= -m_x H \partial_y (g\zeta + p) - m_x (\partial_y h - z\partial_y H)\partial_z p + \partial_z (mH^{-1}A_v \partial_z v) + Q_v$$
$$\tag{2-7}$$

$$\partial_z p = -gH(\rho - \rho_0)\rho_0^{-1} = -gHb \tag{2-8}$$

$$\partial_t (m\zeta) + \partial_x (m_y Hu) + \partial_y (m_x Hv) + \partial_z (mw) = 0 \tag{2-9}$$

$$\partial_t (m\zeta) + \partial_x \left(m_y H \int_0^1 u \mathrm{d}z\right) + \partial_y \left(m_x H \int_0^1 v \mathrm{d}z\right) = 0 \tag{2-10}$$

$$\rho = \rho(p, S, T) \tag{2-11}$$

$$\partial_t (mHS) + \partial_x (m_y HuS) + \partial_y (m_x HvS) + \partial_z (mwS) = \partial_z (mH^{-1}A_b \partial_z S) + Q_S$$
$$\tag{2-12}$$

$$\partial_t\left(mHT\right)+\partial_x\left(m_yHuT\right)+\partial_y\left(m_xHvT\right)+\partial_z\left(mwT\right)=\partial_z\left(mH^{-1}A_b\partial_zT\right)+Q_T$$

（2-13）

式中，u 和 v 分别为在曲线正交坐标系中水平速度沿 x、y 方向的分量；m_x 和 m_y 分别为度量张量沿对角线方向的分量的平方根值。$m=m_x\cdot m_y$ 构成了雅克比行列式或是由度量张量的平方根值所形成的行列式。在经过拉伸的、无量纲的纵轴上，用 w 来表示带有物理单位的垂向速度，w 与物理垂向速度之间的关系表示如下：

$$w=w^*-z\left(\partial_t\zeta+um_x^{-1}\partial_x\zeta+vm_y^{-1}\partial_y\zeta\right)+\left(1-z\right)\left(um_x^{-1}\partial_xh+vm_y^{-1}\partial_yh\right)\quad(2\text{-}14)$$

式中，总深度（H，$H=h+\zeta$）为相对于物理垂向坐标原点（用 $z^*=0$ 来表示）水底位移与自由表面位移的总和。压强（p）代表实际压强减去参考密度（ρ_0）所形成的流体静力学压强 [ρ_0gH（$1-z$）] 之后，再除以参考密度所形成的物理量。动量方程组中，f 为科氏力参数，A_v 为垂向湍流或称涡流黏度，Q_u 和 Q_v 是动量源和汇，以亚网格尺度的水平扩散模型表达。对于液态流体而言，密度（ρ）是温度（T）和盐度（S）的函数，浮力（b）是密度相对于参考值的差异进行归一化后所得到的数值。对连续性方程式在 z 方向上从 0～1 积分可得到对深度积分的连续性方程式，此积分的垂向边界条件为 [$w=0$，$z\in$（0，1）]。在盐度与温度迁移方程组中，源、汇项 Q_s 和 Q_d 包含了亚网格尺度的水平扩散过程以及热的源和汇等，A_b 则代表垂向湍流扩散率。

当垂向湍流黏度与扩散率和源、汇项等已知时，构成了以 u、v、w、p、ζ、ρ、S、T 等 8 个变量为未知数的方程组。为了求解垂向湍流黏度与扩散系数，需要运用 2.5 阶矩湍流闭合模型。该模型使得垂向湍流黏度和扩散率与湍流强度（q）、湍流长度尺度（l）和理查德森数（R_q）形成如下的关系方程组（Ji，2017）：

$$A_v=\phi_vql=0.4\left(1+36R_q\right)^{-1}\left(1+6R_q\right)^{-1}\left(1+8R_q\right)^{-1}ql \qquad (2\text{-}15)$$

$$A_b=\phi_bql=0.5\left(1+36R_q\right)^{-1}ql \qquad (2\text{-}16)$$

$$R_q=\frac{gH\partial_zb}{q^2}\frac{l^2}{H^2} \qquad (2\text{-}17)$$

式中，稳定函数 v 和 b 分别用来描述垂向混合与迁移过程的弱化和强化因子（特指分别存在稳定与不稳定垂向密度分层的环境中）。通过求解如下的一对迁移方程求解湍流强度与湍流长度尺度：

$$\partial_t\left(mHq^2\right)+\partial_x\left(m_yHuq^2\right)+\partial_y\left(m_xHvq^2\right)+\partial_z\left(mwq^2\right)=\partial_z\left(mH^{-1}A_q\partial_zq^2\right)+Q_q+$$

$$2mH^{-1}A_v\left[\left(\partial_zu\right)^2+\left(\partial_zv\right)^2\right]+2mgA_b\partial_zb-2mH\left(B_1l\right)^{-1}q^3$$

$$（2\text{-}18）$$

$$\partial_t\left(mHq^2l\right)+\partial_x\left(m_yHuq^2l\right)+\partial_y\left(m_xHvq^2l\right)+\partial_z\left(mwq^2l\right)=\partial_z\left(mH^{-1}A_q\partial_zq^2l\right)+Q_l+$$

$$mH^{-1}E_1lA_v\left[\left(\partial_zu\right)^2+\left(\partial_zv\right)^2\right]+mgE_1E_3lA_b\partial_zb-mHB_1^{-1}q^3\left[1+E_2\left(\kappa L\right)^{-2}l^2\right]$$

$$（2\text{-}19）$$

$$L^{-1}=H^{-1}\left[z^{-1}+\left(1-z\right)^{-1}\right]\qquad（2\text{-}20）$$

式中，B_1、E_1、E_2 和 E_3 均是经验常数；Q_q 和 Q_l 是用来描述诸如亚格尺度的水平扩散过程的附加源、汇项；通常，垂向扩散率（A_q）与垂向湍流黏度（A_v）相等。

2）水质模块

水质模块采用沉降和一阶降解两个过程描述，主要用于 TN、TP、COD 和 NH$_3$-N 等污染物的模拟。每个水质状态变量的物料守恒方程可以表示为（Ji，2017）

$$\frac{\partial\left(m_xm_yHC\right)}{\partial t}+\frac{\partial}{\partial x}\left(m_yHuC\right)+\frac{\partial}{\partial y}\left(m_xm_ywC\right)$$

$$=\frac{\partial}{\partial x}\left(\frac{m_yHA_x}{m_x}\frac{\partial C}{\partial x}\right)+\frac{\partial}{\partial y}\left(\frac{m_xHA_y}{m_y}\frac{\partial C}{\partial y}\right)+\frac{\partial}{\partial z}\left(m_xm_y\frac{A_z}{H}\frac{\partial c}{\partial z}\right)+\qquad（2\text{-}21）$$

$$m_xm_yWs\frac{\partial C}{\partial s}+S_c$$

式中，C 为水质状态变量浓度；u、v 和 w 为曲线正交坐标系下 X 轴、Y 轴和 Z 轴方向的速度分量；A_x、A_y 和 A_z 为湍流在相同坐标系下 X 轴、Y 轴和 Z 轴方向的扩散系数；W_s 为物质沉降系数，m^{-1}；S_c 为单位体积物质一阶降解和源与汇项；H 为水深，m；m_x 和 m_y 为平面曲线坐标标度因子。

式（2-21）左侧 3 项表示对流输送，右侧前 3 项表示扩散输送，这 6 项物理输送与水动力模型中盐的物料平衡方程相似，因此计算方法也是相同的。最后一项代表每个状态变量的降解过程及外源负荷，可表示为（Ji，2017）

$$S_c=-m_xm_yHKC+\sum_{i=1}^N P_j\qquad（2\text{-}22）$$

式中，K 为降解系数，d^{-1}；P_j 为第 j 种物质的外源负荷，kg/d。

4. 模型技术路线

水动力-水质模型是本研究核心模型之一，主要用城市河道水质评估、已建和新建工程的水质评估与支撑陆域-水域响应关系模型构建。模型构建由 4 个主要步骤构成：①模型边界数据收集整理与准备；②河道水体离散化；③水动力模块模拟计算与参数率定；④水质模块模拟计算与参数率定。具体构建方法与步骤如图 2-31 所示。

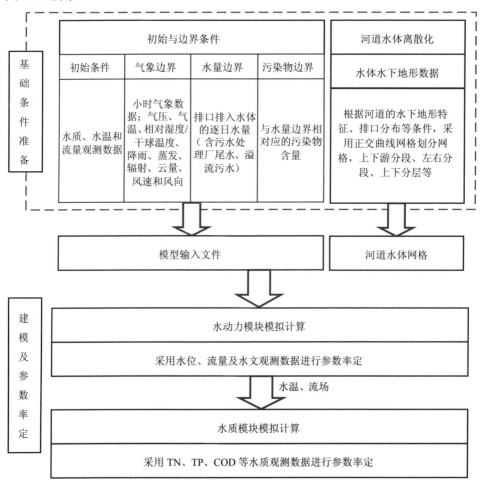

图 2-31　河道水动力-水质模型构建方法与步骤

2.4.2　模型基础数据收集与制备

1. 基础空间数据

本书中不同类型模型的构建都需要大量的基础空间数据。地形基础数据是构建陆域模型和盘龙江水体水动力-水质模型的基础，通过大比例尺的数字地形数据，可以为模型提供坡度、汇流方向和水力宽度等大量模型物理参数。本次研究从多渠道、多部门收集研究区大比例尺（比例尺不小于 1∶2 000）地形数据，结合模型及平台空间数据格式需求，收集的不同格式地形数据统一处理为 GIS 通用的 DEM 格式。由于已有的大比例尺地形测绘数据多为 CAD 格式，考虑 DEM 与 CAD 两者数据结构不同，本研究借助专业的数据转换模型实现 CAD 至 DEM 的无缝转换，确保数据信息不受损，满足模型要求。

2. 环境监测及在线观测数据

1）环境监测数据

环境监测数据包括常规水质监测数据、水文观测数据和本研究开展的水质观测数据（表 2-27）。

表 2-27　环境监测数据

序号	名称	主要内容	数据来源	点位
1	昆明市监测站盘龙江水质常规监测数据	地表水常规 24 项监测数据	昆明市环境监测站	盘龙江严家村
2	牛栏江补水口常规监测数据	地表水常规 24 项监测数据	昆明市环境监测站	盘龙江瀑布公园
3	盘龙江水文数据	水位、流量	昆明市水文水资源局	盘龙江敷润桥
4	盘龙江水质临测数据	6 个盘龙江水质观测点，水质指标包括 TP、TN、NH_3-N、COD、BOD_5、SS	自行监测	具体点位见水质水量监测章节
5	盘龙江沿程断面水质数据	TP、TN、NH_3-N、COD、BOD_5、SS	各区县监测	大花桥、霖雨路、北辰路、敷润桥、小厂村、广福路

2）在线观测数据

在线观测数据包括盘龙江干流流量监测、合流管（渠）及雨水管（渠）流量监测和溢流口液位监测的相关数据。

（1）盘龙江干流流量监测数据包括液位、瞬时流速、瞬时流量、累积流量和水温。

（2）合流管（渠）及雨水管（渠）流量监测数据包括液位、瞬时流速、瞬时流量和累积流量。

（3）溢流口液位监测数据为每分钟的液位、瞬时流量等。

3．工程运行数据

现有治理工程运行历史数据能够为陆域模型及陆域-水域响应关系模型的构建提供基础数据。以现状污水处理厂和调蓄池等设施为基点，阐明污水处理厂和调蓄池服务区内年均污水量、径流量以及污染物负荷，阐明实测年及不同年型（丰水年、平水年、枯水年）下的径流过程和污染物浓度过程；基于现场观测和模型模拟分析等研究成果，为河道、片区和单项工程（泵站、调蓄池和污水处理厂）的实施及对盘龙江流域治理工程效益的综合评估提供数据基础。

工程运行数据主要包括牛栏江补水工程运行历史数据，第四污水处理厂、第五污水处理厂运行历史数据，调蓄池工程运行历史数据以及尾水外排泵站运行历史数据。

1）牛栏江补水工程运行历史数据

研究收集整理了 2014 年 1 月—2017 年 12 月牛栏江补水工程运行历史数据，收集内容具体见表 2-28。

表 2-28　牛栏江补水工程运行历史数据

数据名称	数据类型	数据单位
牛栏江历史运行时间	日期：2014 年 1 月 1 日—2017 年 12 月 31 日	d
牛栏江补水工程历史补水量	日期：2014 年 1 月 1 日—2017 年 12 月 31 日	万 t/d
牛栏江补水工程历史补水水质	SS、TN、TP、COD、NH₃-N：2014 年 1 月 1 日—2017 年 12 月 31 日	mg/L

2）第四污水处理厂、第五污水处理厂运行历史数据

2014 年 1 月—2017 年 12 月第四污水处理厂、第五污水处理厂运行已有历史数据，收集内容具体见表 2-29。

表 2-29　第四污水处理厂、第五污水处理厂运行历史数据

数据名称	数据类型	数据单位
第四污水处理厂、第五污水处理厂历史运行时间	日期：2014 年 1 月 1 日—2017 年 12 月 31 日	d
第四污水处理厂、第五污水处理厂纳污范围	空间数据	
第四污水处理厂、第五污水处理厂处理水量	水量：2014 年 1 月 1 日—2017 年 12 月 31 日	万 t/d
第四污水处理厂、第五污水处理厂进水及出水水质	SS、TN、TP、COD、NH_3-N：2014 年 1 月 1 日—2017 年 12 月 31 日	mg/L

2.4.3　盘龙江水动力-水质模型构建

1. 网格与初始条件设置

在盘龙江水动力-水质模型中，水动力模块为水质模块提供流场和温度场，水质模块利用边界条件和水动力模块提供的流场、温度场计算水体水质的时空分布。水质模块的模拟指标为多种污染物，如 TN、TP、COD 和 NH_3-N 等，计算的时间步长与水动力模型一致。

盘龙江三维水动力-水质模型采用正交曲线网格，水平网格共计 325 个，垂直方向分为 1 层；模拟时间为 2017 年全年，计算步长为 3 秒，每 24 小时输出一个计算结果。模型初始条件主要为水质指标初始浓度和初始水温。水质指标初始浓度是模拟起始时间各模拟网格水体水质指标的浓度，采用 2017 年 1 月盘龙江水体的观测数据；初始水温数据是模拟起始时间各网格的水温，温度的初始值统一设定为 15℃。

2. 边界条件

驱动模型计算的主要边界条件包括入流边界和气象边界。根据盘龙江排口调

查结果和陆域模型模拟计算需要，调整形成真实排口 75 个，陆域模型虚拟排口 15 个，牛栏江补水口 1 个。与污水处理厂尾水口叠加得到本研究构建的水动力-水质模型入流边界共计 101 个（图 2-32）。排口的入流流量和入流水质采用陆域模型的模拟结果，基准时间为 2017 年 1 月 1 日—12 月 31 日，时间步长为小时；牛栏江补水口入流流量和入流水质采用实测数据，时间为 2017 年 1—12 月，时间步长为月。模型的气象边界为气压（百帕）、大气温度（℃）、相对湿度（%）、降雨（mm）、蒸发（mm）、辐射（MJ/m^2）、风速（m/s）、云量和风向数据，时间间隔为 1 小时。

图 2-32　盘龙江水动力-水质模型入流点分布

3. 数据输入

输入文件的创建是将模型所需输入数据整理为 Intelway-AW 模型的输入格式，即 *.inp 文件。模型共涉及 13 个输入文件，主要分为 3 类：数据输入文件、网格信息文件、主控文件（表 2-30）。

表 2-30　输入文件及其功能

输入文件名	功能	输入文件名	功能
gridext.inp	网格中心地理坐标	IWIND-AW-WQ.INP	水质主控文件
cell.inp	网格形状数字化	efdc.inp	水动力主控文件
dxdy.inp	网格大小属性	mask.inp	水流阻隔设置
lxly.inp	网格的方向系数	QCTL.inp	流量水位曲线
Nutri_Ser.INP	水质数据输入文件	aser.inp	气象数据输入文件
qser.inp	流量数据输入文件	wser.inp	风数据输入文件
tser.inp	水温数据输入文件	—	—

2.4.4　模型参数校正与结果评价

1. 参数校正

本书采用逐月水质观测数据对盘龙江水动力-水质模型进行校验。模型中需要调整的参数包括污染物一阶降解速率（K_d）、污染物沉降速率（K_s），其范围及取值详见表 2-31。

表 2-31　主要参数范围及取值

污染物名称	K_d		K_s		初始浓度/（mg/L）
	范围	取值	范围	取值	
TN	0.002～0.020	0.010	0.002～0.100	0.050	2.200
TP	0.001～0.020	0.005	0.004～0.100	0.050	0.062
COD	0.005～0.020	0.010	0.004～0.100	0.050	16.000
NH₃-N	0.100～0.350	0.200	0～0.100	0	0

通过水质模拟结果和实测结果对比可知（图 2-33），模型的旱季模拟结果与实测数据基本吻合，雨季模拟结果出现明显的峰值。盘龙江雨季存在合流污水溢流的冲击性负荷，而严家村断面的水质观测为每月一次，实测水质数据无法反映冲击性负荷的影响，因此，模型在雨季出现浓度峰值属正常现象。根据本研究对严家村断面 2017 年降雨径流的观测，2017 年 7 月 8 日降雨过程 TN、TP、COD 和 NH₃-N 的平均浓度分别为 10.82 mg/L、0.45 mg/L、26 mg/L 和 2.85 mg/L，各指

标均超过常规监测的最高浓度，TN 甚至超过了水动力-水质模型的峰值。

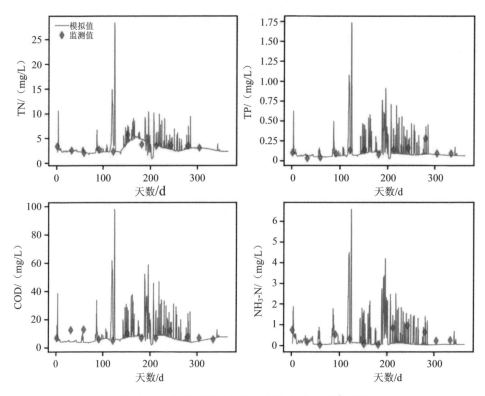

图 2-33　盘龙江严家村断面水动力-水质模拟结果

2. 模拟结果评价

经过参数校正，模拟值与监测值整体拟合较好（图 2-33）。整体而言，TN、TP、COD 的模拟结果优于NH₃-N；模型比较准确地再现了监测到的水质趋势。就准确度而言，已经具备一定的评估边界条件变化所引起的水质响应能力。

2.5　片区陆域-水域响应关系模型构建

2.5.1　模型选择与原理

1. 模型选择

建立盘龙江片区陆域-水域响应关系模型的主要目的是解析盘龙江排口污染

物输入与盘龙江水质的响应关系，评估分析重点排口对盘龙江的水质贡献率，分析重点排口的污染物削减要求。

2. 模型原理

1）水动力模块

陆域-水域响应关系模型的水动力模块原理与水动力-水质模型相同，具体内容详见 2.4.1.3 节。

2）响应关系模块

陆域-水域响应关系模型是以水动力-水质模型为基础，通过水质模块控制方程对污染源进行微分求导，将每个水质变量的控制偏微分方程转化为多个偏微分方程。每个偏微分方程对应一个源解析变量，从而形成一系列源解析状态变量的控制方程系统，并在水动力模型与水质模型的驱动下，求解相应的偏微分方程，通过一次模拟，获取所有源在水体中任何时空点的贡献比例（邹锐等，2016，2018）。

源解析的第一步是求导初始条件对所模拟水质指标的贡献率。以 $S_I = \dfrac{\partial C}{\partial C_0}$ 代表初始水质浓度对模拟的水质指标在任意时间和空间的贡献率，采用链式规则求积分得到下式：

$$
\begin{aligned}
\frac{\partial}{\partial t}\left(m_x m_y H S_I\right) = &-\frac{\partial}{\partial x}\left(m_y H u S_I\right) - \frac{\partial}{\partial y}\left(m_x H v S_I\right) - \frac{\partial}{\partial z}\left(m_x m_y w S_I\right) + \\
&\frac{\partial}{\partial x}\left(\frac{m_y H A_x}{m_x}\frac{\partial S_I}{\partial x}\right) + \frac{\partial}{\partial y}\left(\frac{m_x H A_y}{m_y}\frac{\partial S_I}{\partial y}\right) + \frac{\partial}{\partial z}\left(m_x m_y \frac{A_z}{H}\frac{\partial S_I}{\partial z}\right) + \\
&m_x m_y W s \frac{\partial S_I}{\partial z} - m_x m_y H K S_I
\end{aligned}
\tag{2-23}
$$

第二步是求外源负荷对模拟的水质指标的贡献率。以 $S_i = \dfrac{\partial C}{\partial P_i}$ 代表水质浓度对外源负荷的响应，采用链式规则对式（2-23）求微分得到每个源的贡献系数，可用于描述每个参数的敏感度：

$$\frac{\partial}{\partial t}\left(m_x m_y H S_i\right) = -\frac{\partial}{\partial x}\left(m_y H u S_i\right) - \frac{\partial}{\partial y}\left(m_x H v S_i\right) - \frac{\partial}{\partial z}\left(m_x m_y w S_i\right) +$$

$$\frac{\partial}{\partial x}\left(\frac{m_y H A_x}{m_x}\frac{\partial S_i}{\partial x}\right) + \frac{\partial}{\partial y}\left(\frac{m_x H A_y}{m_y}\frac{\partial S_i}{\partial y}\right) + \frac{\partial}{\partial z}\left(m_x m_y \frac{A_z}{H}\frac{\partial S_i}{\partial z}\right) + \quad (2\text{-}24)$$

$$m_x m_y W s \frac{\partial S_i}{\partial z} - m_x m_y K S_i + P_i$$

由于参数取值和对模拟结果的影响具有显著的时空分异性，模拟得到不同的参数敏感度系数可能会表现出量级上的差异，导致在一些模拟中难以比较参数。当出现这种情况时，采用参数扰动来代替敏感度将会更为有效。设置一个参数值为 K，参数扰动为 $r = \mathrm{d}k/K$，可以得到

$$\frac{\partial C}{\partial K} = \frac{\partial C}{K \partial r} = \frac{1}{K}\frac{\partial C}{\partial r} \quad (2\text{-}25)$$

采用 S_I' 和 S_i' 表达初始条件和每个负荷源对水质浓度的贡献，将式（2-25）代入式（2-23）和式（2-24），可以得到：

$$\frac{\partial}{\partial t}\left(m_x m_y H S_I'\right) = -\frac{\partial}{\partial x}\left(m_y H u S_I'\right) - \frac{\partial}{\partial y}\left(m_x H v S_I'\right) - \frac{\partial}{\partial z}\left(m_x m_y w S_I'\right) +$$

$$\frac{\partial}{\partial x}\left(\frac{m_y H A_x}{m_x}\frac{\partial S_I'}{\partial x}\right) + \frac{\partial}{\partial y}\left(\frac{m_x H A_y}{m_y}\frac{\partial S_I'}{\partial y}\right) + \frac{\partial}{\partial z}\left(m_x m_y \frac{A_z}{H}\frac{\partial S_I'}{\partial z}\right) + \quad (2\text{-}26)$$

$$m_x m_y W s \frac{\partial S_I'}{\partial z} - m_x m_y H K S_I'$$

$$\frac{\partial}{\partial t}\left(m_x m_y H S_i'\right) = -\frac{\partial}{\partial x}\left(m_y H u S_i'\right) - \frac{\partial}{\partial y}\left(m_x H v S_i'\right) - \frac{\partial}{\partial z}\left(m_x m_y w S_i'\right) +$$

$$\frac{\partial}{\partial x}\left(\frac{m_y H A_x}{m_x}\frac{\partial S_i'}{\partial x}\right) + \frac{\partial}{\partial y}\left(\frac{m_x H A_y}{m_y}\frac{\partial S_i'}{\partial y}\right) + \frac{\partial}{\partial z}\left(m_x m_y \frac{A_z}{H}\frac{\partial S_i'}{\partial z}\right) + \quad (2\text{-}27)$$

$$m_x m_y W s \frac{\partial S_i'}{\partial z} - m_x m_y K S_i' + P_i$$

源解析方程的求解算法与水质方程相同。水质质量守恒方程［式（2-28）］包含对流和扩散输移，沉降、降解和源汇项。沉降、降解和源汇项与对流和扩散输移分开求解。因此，对流和扩散输移的质量守恒控制方程见式（2-29）。

$$\frac{\partial\left(m_x m_y HC\right)}{\partial t}+\frac{\partial}{\partial x}\left(m_y HuC\right)+\frac{\partial}{\partial y}\left(m_x m_y wC\right)$$

$$=\frac{\partial}{\partial x}\left(\frac{m_y HA_x}{m_x}\frac{\partial C}{\partial x}\right)+\frac{\partial}{\partial y}\left(\frac{m_x HA_y}{m_y}\frac{\partial C}{\partial y}\right)+\frac{\partial}{\partial z}\left(m_x m_y \frac{A_z}{H}\frac{\partial C}{\partial z}\right)+ \qquad (2\text{-}28)$$

$$m_x m_y Ws\frac{\partial C}{\partial s}+S_c$$

$$\frac{\partial}{\partial t}\left(m_x m_y HC\right)=-\frac{\partial}{\partial x}\left(m_y HuC\right)-\frac{\partial}{\partial y}\left(m_x HvC\right)-\frac{\partial}{\partial z}\left(m_x m_y wC\right)+ \qquad (2\text{-}29)$$

$$\frac{\partial}{\partial x}\left(\frac{m_y HA_x}{m_x}\frac{\partial C}{\partial x}\right)+\frac{\partial}{\partial y}\left(\frac{m_x HA_y}{m_y}\frac{\partial C}{\partial y}\right)+\frac{\partial}{\partial z}\left(m_x m_y \frac{A_z}{H}\frac{\partial C}{\partial z}\right)$$

沉降和源汇项的质量守恒控制方程为

$$\frac{\partial m_x m_y HC}{\partial t}=-m_x m_y Ws\frac{\partial C}{\partial z}-m_x m_y HKC+\sum_{i=1}^{N}P_j \qquad (2\text{-}30)$$

对流和扩散输移与水动力模型中盐的物料平衡方程相似，因此计算方法也是相同的。式（2-26）和式（2-27）采用二阶精度、三时间层的分步算法求解。第一步单独求解 Δt（t_{n-1} 到 t_n）时间内沉降、降解和源汇项，以得到物质在 t_n 时间的浓度（$C_{n\text{-}p}$）：

$$m_x m_y H^{n-1}C^n_{-P}=m_x m_y H^{n-1}C^{n-1}-\Delta t m_x m_y Ws\frac{\partial C^{n-1}}{\partial z}-\Delta t m_x m_y H^{n-1}KC^{n-1}+\Delta t\sum_{i=1}^{N}P_i^{n-1}$$

$$(2\text{-}31)$$

式中，上标 n 为时间步长；下标 $-P$ 为 Δt 时间内缺少物质迁移项时的水质浓度；下标 $+P$ 为 Δt 时间内耦合物质迁移时的水质浓度；可以得到 $C^n_{-P}=C^{n-1}_{+K}$。

第二步利用式（2-29）的有限差分形式求解从 t_{n-1} 到 t_{n+1}，即 2 个 Δt 时间内耦合物质迁移项的水质浓度场（C^n_{-P} 或 C^{n-1}_{+K}）：

$$m_x m_y H^{n+1}C^{n+1}_{-K}=m_x m_y H^{n-1}C^{n-1}_{+K}+2\Delta tPT \qquad (2\text{-}32)$$

式中，下标 $-K$ 为 Δt 时间内缺少源汇项时的水质浓度；下标 $+K$ 为 Δt 时间内考虑源汇项时的水质浓度；PT 为 2 个 Δt 时间内的物质迁移算子；C^{n+1}_{-K} 为缺少源汇项和沉降项时在 $t=t_{n+1}$ 时的水质浓度。

第三步采用隐式格式求解式（2-30）：

$$m_x m_y H^{n+1} C^{n+1} = m_x m_y H^{n+1} C^n_{+P} - \Delta t m_x m_y W s \frac{\partial C^n_{+P}}{\partial z} - \Delta t m_x m_y H^{n+1} K C^{n+1} +$$

$$\Delta t \sum_{i=1}^{N} P_i^{n+1}$$

（2-33）

式中，C_{n+1} 为 $t=t_{n+1}$ 时间时的水质浓度。

完成式（2-23）的求解后，利用水动力模块和式（2-23）的解（水质浓度场），采用相同的方法求解式（2-24）～式（2-26）。需要说明的是，式（2-23）是某个外源或内源的一般形式，在求解中每个源都拥有独立的方程与源对应。因此，当水体有 N 个源时，式（2-25）将是 N 个偏微分方程，通过求解每个方程将会得到特定源的三维水质贡献率场（Bai et al.，2018）。

由于陆域-水域响应关系模型与水动力-水质模型耦合，数据输入与模型构建是相同的，在此不再赘述。

2.5.2 模型结果评价

1. 盘龙江旱季水质贡献分析

旱季盘龙江 4 项指标的主要影响来源是牛栏江补水、第五污水处理厂出水和第四污水处理厂出水（图 2-34）。牛栏江补水对 TN 的水质贡献值保持在 2 mg/L 左右，第五污水处理厂出水的水质贡献值次之，约为 1 mg/L，第四污水处理厂出水的水质贡献值排第三；沿程排口几乎没有对盘龙江水质产生影响。牛栏江水质贡献最大的原因是其补水水量远高于其他入流，第五污水处理厂出水水质贡献大的原因是其一级强化出水的水质浓度远高于其他入流，第四污水处理厂与第五污水处理厂相似；盘龙江沿程排口无水质贡献的原因是旱季排口的污水被全部收集，在无降雨的情况下，各排口无溢流进入盘龙江。仅北辰大沟于 1 月 5 日出现溢流，对严家村水质 4 项指标造成较低程度的影响。

2. 盘龙江雨季水质分析

影响雨季盘龙江水质的主要源是牛栏江补水、第五污水处理厂出水和第四污水处理厂出水（图 2-35）。牛栏江补水水质贡献最大的原因是其补水水量远高于其他入流，第五污水处理厂出水水质贡献大的原因是其一级强化出水的水质浓度远高于其他入流，第四污水处理厂与第五污水处理厂相似；盘龙江沿程排口仅在降雨天气条件下发生溢流，并进入盘龙江影响下游水质。在牛栏江补水量减少的 7

月下旬，北辰大沟水质贡献最大；此外，对严家村水质造成影响的排口还有花渔沟、麦溪沟、右营防洪沟和金星立交桥大沟。

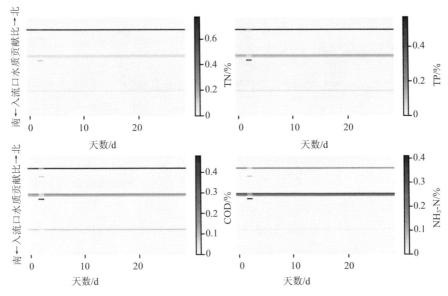

图 2-34　盘龙江严家村 1 月水质贡献解析

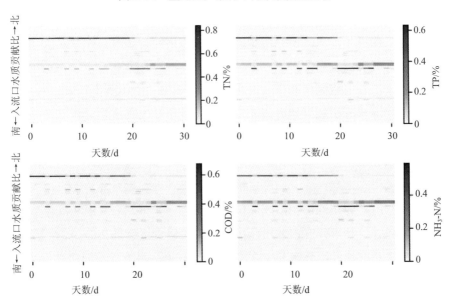

图 2-35　盘龙江严家村 7 月水质贡献解析

2.6 评估指标体系构建

2.6.1 上位政策与指标体系的关系分析

本书按照"水十条"、海绵城市、黑臭水体治理及滇池"十三五"规划等国家工程治理与水质目标管理的上位政策要求构建评估指标体系。其中,"水十条"在重点落实源头控制、水陆统筹、环境质量目标管理等方面为评估指标体系的构建提供重要指导,其中水-陆衔接评估指标,片区综合评估指标,管网及泵站、调蓄池、污水处理厂等工程指标都与"水十条"直接关联。海绵城市作为城市雨洪管理措施从 2012 年开始受到重视,试点工作快速高效开展,国务院办公厅于 2015年 10 月印发《关于推进海绵城市建设的指导意见》,从加强规划引领、统筹有序建设、完善支持政策、抓好组织落实等 4 个方面提出了 10 项具体措施。这些对本研究工程综合指标体系中的管网及泵站和调蓄池具体指标构建有重要指导作用。《城市黑臭水体整治工作指南》主要包括城市黑臭水体定义、识别与分级、城市黑臭水体整治方案编制、城市黑臭水体整治技术、城市黑臭水体整治效果评估、组织实施与政策保障等,对本研究污水排放控制指标的构建具有指导意义。

以上是针对全国发布并实施的上位文件,具体到滇池流域,《滇池流域水环境保护治理"十三五"规划(2016—2020)》根据滇池"十二五"规划"六大工程"的实施经验,综合分析规划期内滇池流域水环境质量改善需求,将以 7 项主要任务为重点推进滇池保护治理,主要包括完善污染物控制体系,削减污染负荷存量与增量;理顺健康水循环体系,提高水资源利用效率;开展水环境综合治理与保护,恢复流域生态功能;完善制度,推进精细化管理,提升监管能力;加强科技攻关与成果应用,为滇池保护治理提供科技支撑等。该规划对滇池流域水环境治理作了详尽部署,是本研究评估指标体系构建的最直接指导文件。

上述文件对河流和湖体水质(总体要求)、城镇污水处理设施建设与改造、配套管网建设、污泥处理处置、城镇节水与雨水资源利用、径流控制、城市面源污染控制、污水再生利用率、城市黑臭水体、江河湖库水量调度管理、生态保护等方面提出了相应的定性或定量考核要求,是指导本研究开展和构建评估指标体系的根据。评估指标体系的构建是本研究的基础和核心，技术路线、模型模拟和整体评估等各项工作均围绕指标体系开展；更进一步而言，指标体系是对上位政策要求的具体响应，自下而上为上位政策提供反馈。

2.6.2　评估指标体系构建思路

本书按照流域污染"排放产生→设施削减→河道纳污"的自然与社会水循环过程建立分层指标。其中管网、泵站、调蓄池和污水处理厂对盘龙江片区污水收集与处理发挥重要作用，是评估指标体系的基础层次；片区内"厂—池—站—网"等排水收集处理设施具有承接关系，起到的综合控制作用是评估指标体系的系统层次；盘龙江河道水质达标与片区内污染削减密不可分，是评估指标体系的水陆衔接层次，也是本评估指标体系的核心部分。

评估指标体系的整体设计思路将遵循如下步骤：

（1）以"水十条"、海绵城市、黑臭水体治理等上位政策和文件为指导，以其中确定的对河流和湖体水质（总体要求）、城镇污水处理设施建设与改造、配套管网建设、污泥处理处置、城镇节水与雨水资源利用、径流控制、城市面源污染控制、污水再生利用率、城市黑臭水体、江河湖库水量调度管理、生态保护等方面的具体量化指标和要求为基本准则要求。

（2）以上位政策的指标和要求为基准，以保障盘龙江水体自上游至下游沿程水质不退化为目标，以盘龙江水系为受体、盘龙区汇水区为对象，提出为保障达到盘龙江水质目标的陆-水衔接评估指标及片区综合指标体系及要求。

（3）在片区综合指标体系的基础上，分解工程评估指标，包括本底评估、效益评估和运行评估三类，提出确定指标量化数值的监测和模拟技术要求。

（4）依据基准年获取的常规监测数据，确定盘龙江片区"十三五"项目实施前的基准年的量化评估指标；进而在基准年模型验证的基础上，依据流量、液位等监测数据，常规监测数据以及 2020 年"十三五"项目实施后的数据，落实评估指标体系的量化，进行盘龙江片区系统的工程效益年度评估和"十三五"项目实施完成后评估。评估指标体系构建思路如图 2-36 所示。

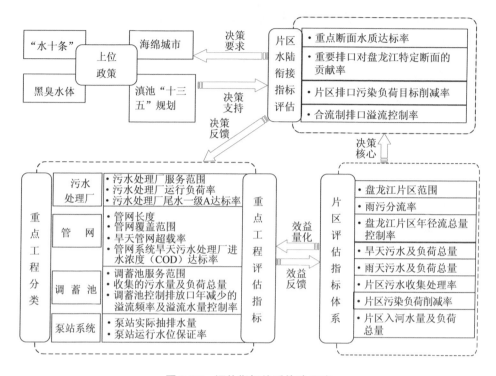

图 2-36   评估指标体系构建思路

2.6.3   评估指标体系构建

依据对国家"水十条"、海绵城市、黑臭水体治理等政策文件的初步分析，本书将国家上位政策相关指标要求与核心技术进行对应，提出测算标准和要求，详见附录"评估指标体系构建与计算说明"。

2.7   本章小结

本章明确了陆域模型、城市河流水动力-水质模型以及片区陆域-水域响应关系模型等核心技术之间的耦合搭建关系，展示了本研究的技术方法框架。在划定盘龙江片区研究范围的基础上，对研究区土地利用、水系分布和降雨特征等进行了分析，阐明了片区"厂—池—站—网"系统构成和盘龙江水质变化趋势，对盘龙江片区排水系统和水质水量进行了系统分析。在技术体系构建和研究区系统分析的基础上，构建了针对盘龙江片区的核心技术模型并完成参数的校正，根据获得的盘龙江水动力-水质和陆域-水域响应关系评价结果，对盘龙江沿岸排口在旱季和雨季的水质贡献做出逐月分析。通过对国家上位政策的解析，结合研究区精准治污决策需求，构建盘龙江片区排水系统综合效益评估指标体系，为片区排水系统运行效益评估提供依据。

第 3 章
城市河流片区排水系统运行评估

3.1　片区基准年水环境治理工程效益综合评估

本研究利用昆明盘龙江片区陆域模型、盘龙江水动力-水质模型以及盘龙江片区污水处理厂、调蓄池等实际运行数据，从排水设施评估、片区综合评估以及水陆衔接指标评估 3 个方面的各项评价指标进行了分析计算，模拟分析计算的依据如下：

（1）本研究中研究区服务范围为盘龙江松华坝口至入湖口及相应陆域汇水区。

（2）研究区 7 个雨量站平均降水量为 1 284 mm，将连续 3 天无降雨的天气时段定义为旱天，其余时段定义为雨天，统计发现基准年（2017 年）旱天共计 202 天，雨天共计 163 天。

（3）本研究计算分流雨水的污染负荷、合流制溢流污水的污染负荷主要基于盘龙江排口的模拟结果。

（4）本研究用于计算的旱天污水水质浓度、污水处理厂出水水质浓度，均由 2017 年第四污水处理厂、第五污水处理厂的运行报表统计得到。

（5）本研究的分析计算结果基于研究区的排水系统提出，模型的分析计算结果基于 2017 年污水处理厂、泵站和调蓄池实际运行数据。

（6）本研究所涉及指标计算方法及所用参数详见附录"评估指标体系构建与计算说明"。

3.1.1 盘龙江片区主要排水设施评估

1. 管网系统

管网系统的评估指标主要包括管网长度、管网覆盖范围、旱天管网超载率以及管网系统旱天污水处理厂进水浓度达标率等，其中前 2 项指标为本底指标，后 2 项指标为运行指标。

1）管网长度

本指标为片区管网系统基础指标，指标统计依据为昆明市排水管网探测数据。经统计，盘龙江片区共有管线 689.59 km，沟渠 142.93 km，各类管线、沟渠长度见表 2-2。

2）管网覆盖范围

从盘龙江片区现状道路排水系统建设情况来看，盘龙江片区现状有管网覆盖的市政道路共计 231.41 km，市政道路排水管网覆盖率达 96%，覆盖率较高，排水主干系统较为完善。仅有少部分区域受片区开发的影响，支次管网系统建设相对滞后。现状雨、污水管网配套不齐的市政道路主要为龙泉路延长线、龙欣路、青松路、铂金大道以及核桃箐路，排水管网配套不齐的区域污水主要依靠西干渠、花渔沟、核桃箐沟、东干渠等合流制沟渠进行收集。现状盘龙江片区旱天无污水直排河道，旱天片区污水能够实现全收集全处理，收集处理率达 100%。

3）旱天管网超载率

基于盘龙江片区排水系统水力模型旱天模拟结果，将管线充满度超过 0.9 的定义为超载管线，基准年盘龙江片区内主要市政污水管网旱天超载情况如图 3-1 所示。盘龙江片区旱天主要污水干管中处于超载状态的约占 15%，超载区域主要集中于盘龙江截污管、龙泉路部分路段、沣源路部分路段。由于现状盘龙江片区水量较大，污水处理厂负荷较高，大部分超载管线均处于长时间超载的状态。污水主干管超载时长小于 2 小时的占比为 12%，大于 2 小时并且小于 12 小时的占比为 4%，大于 12 小时并且小于 20 小时的占比为 5%，大于 20 小时的占比为 79%，超载情况严重。

图 3-1　盘龙江片区污水主干管旱天超载情况

4）管网系统旱天污水处理厂进水浓度达标率

根据污水处理厂的日运行数据，进水浓度大于等于 350 mg/L 的视为达标，基准年盘龙江片区第四污水处理厂和第五污水处理厂进水浓度（以 COD 为例）达标率见表 3-1。

从表 3-1 中可以看出，研究区内 2 座污水处理厂进水浓度达标率均偏低，第四污水处理厂 COD 旱天平均进水浓度为 256 mg/L，第五污水处理厂 COD 旱天平均进水浓度为 301 mg/L。

表 3-1 污水处理厂旱天进水浓度达标率

污水处理厂	旱天达标天数/d （COD 浓度≥350 mg/L）	达标率/%
	a	b=a/202×100
第四污水处理厂	49	24.26
第五污水处理厂	126	62.38

2. 泵站系统

泵站系统的评估指标主要包括泵站实际抽排量及泵站运行水位保证率2项指标。

1）泵站实际抽排量

基准年研究区范围内主要污水提升泵站的实际抽排量统计结果见表 3-2。

表 3-2 研究区内主要污水提升泵站实际运行情况

序号	泵站名称	抽排量/万 m³
1	张官营泵站	2 616.34
2	马村泵站	1 048.93
3	学府路泵站	140.80

2）泵站运行水位保证率

研究区范围内主要污水提升泵站为张官营泵站、马村泵站以及学府路泵站。

（1）张官营泵站。张官营泵站进水管管径为 DN1800，通过模拟旱天的系统运行情况，可统计得到张官营泵站运行水位保证率（表 3-3），张官营泵站运行水位保证率为 100%。

表 3-3 张官营泵站运行水位保证率

管线	管顶高程/ （mAD）	泵站水位不超过进水管管顶的累计时长/（min/d）	泵站运行水位保证率
	a	b	c=b/1 440×100%
DN1800 进水管	1 888.1	1 440	100%

（2）马村泵站。马村泵站为 DN2000 进水管。通过模拟旱天的系统运行状况，可统计得到马村泵站进水管的运行水位保证率（表 3-4），马村泵站运行水位保证率为 15.27%。

表 3-4　马村泵站运行水位保证率

管线	管顶高程/（mAD）	泵站水位不超过进水管管顶的累计时长/（min/d）	泵站运行水位保证率
	a	b	c = b/1 440×100%
DN2000 进水管	1 888.76	220	15.27%

（3）学府路泵站。学府路泵站为 DN2000 进水管。通过模拟旱天的系统运行状况，可统计得到学府路泵站进水管的运行水位保证率（表 3-5），学府路泵站运行水位保证率为 0。

表 3-5　学府路泵站运行水位保证率

管线	管顶高程/（mAD）	泵站水位不超过进水管管顶的累计时长/（min/d）	泵站运行水位保证率
	a	b	c = b/1 440×100%
DN2000 进水管	1 888.75	0	0

3. 调蓄池系统

调蓄池系统的评估指标主要包括调蓄池服务范围、调蓄池收集的污水量和负荷总量、调蓄池控制排放口年减少的溢流频率以及溢流水量控制率 4 项指标。

1）调蓄池服务范围

研究区现状共有 7 座调蓄池，分别为圆通沟调蓄池、麻线沟调蓄池、学府路调蓄池、白云路调蓄池、教场北沟调蓄池、核桃箐调蓄池以及金色大道调蓄池。根据各调蓄池关联管线分析所得调蓄池服务范围见表 2-13 和图 2-18 所示。

2）调蓄池收集的污水量及负荷总量

盘龙江片区 7 座调蓄池的收集水量主要基于调蓄池的运行报表统计，收集的负荷总量主要根据其对应沟渠的水质进行核算（表 3-6）。

表3-6 研究区调蓄池收集的污水量及负荷总量

序号	调蓄池名称	水量/万 m³	COD/t	TN/t	TP/t	NH₃-N/t
1	圆通沟调蓄池	6.12	1.44	0.62	0.05	0.59
2	麻线沟调蓄池	107.20	144.72	37.97	2.03	27.71
3	教场北沟调蓄池	4.70	3.39	0.48	0.04	0.39
4	学府路调蓄池	10.74	7.74	1.10	0.09	0.89
5	白云路调蓄池	268.08	462.89	127.26	7.48	90.96
6	核桃箐调蓄池	0	0	0	0	0
7	金色大道调蓄池	643.28	763.58	47.42	14.06	28.86

3）调蓄池控制排放口年减少的溢流频率及溢流水量控制率

圆通沟调蓄池服务范围内圆通沟的排口已经封堵，不与盘龙江发生联系；麻线沟调蓄池服务范围内有1个溢流口；白云路调蓄池服务范围内有1个溢流口，现设置有闸门；学府路调蓄池服务范围内有1个溢流口；教场北沟调蓄池服务范围内有1个溢流口，现设置有闸门；核桃箐调蓄池服务范围内有1个溢流口，现设置有闸门；金色大道调蓄池服务范围内有1个溢流口。通过调蓄池建设前后的情景模拟，得到调蓄池控制排放口年减少溢流频率和溢流水量控制率（表3-7）。

表3-7 调蓄池控制排放口年减少溢流频率及溢流水量控制率　　单位：%

名称	调蓄池控制排放口减少溢流频率	调蓄池控制排放口减少溢流水量控制率
圆通沟调蓄池	0	60.00
麻线沟调蓄池	66.67	36.94
白云路调蓄池	0	19.32
学府路调蓄池	10.48	3.09
教场北沟调蓄池	22.72	25.06
核桃箐调蓄池	0	0
金色大道调蓄池	18.81	28.03

4. 污水处理厂系统

污水处理厂系统的评估指标主要包括污水处理厂服务范围、污水处理厂运行负荷率以及尾水一级A达标率3项指标。

1）污水处理厂服务范围

盘龙江片区的污水处理厂主要为昆明市第四污水处理厂和第五污水处理厂，第四污水处理厂和第五污水处理厂的服务范围主要根据污水处理厂关联的管线划分得到。根据污水处理厂关联管线及沟渠，得到其服务范围如图 3-2 所示，其中，昆明市第四污水处理厂服务范围为 12.83 km²，昆明市第五污水处理厂的服务范围为 87.98 km²。

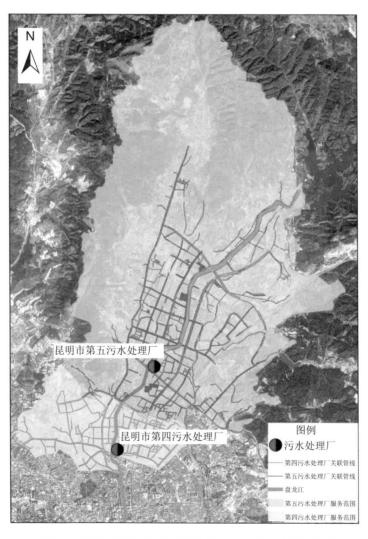

图 3-2　昆明市第四污水处理厂和第五污水处理厂服务范围

2）污水处理厂运行负荷率

第四污水处理厂设计处理规模为 6 万 m³/d，第五污水处理厂设计处理规模为 18.5 万 m³/d，根据两者的运行数据，盘龙江片区污水处理厂运行负荷率见表 3-8。

表 3-8   盘龙江片区污水处理厂运行负荷率   单位：%

名称	旱天负荷率	雨天负荷率
第四污水处理厂	78	77
第五污水处理厂	125	130

注：表中第五污水处理厂负荷率计算不包括其一级强化处理部分。

3）尾水一级 A 达标率

根据污水处理厂运行数据，第四污水处理厂、第五污水处理厂 2017 年尾水 COD 一级 A 达标率为 100%。

5．主要排水设施评估结论

（1）片区现状排水管网覆盖率较高，片区产生的污水能够得到有效的收集，仅有少部分区域尚无配套市政管网。

（2）从污水处理系统上看，基准年第四污水处理厂和第五污水处理厂运行负荷率较 2016 年均有所提高，第四污水处理厂从 2016 年的 63%提升至 78%，第五污水处理厂从 2016 年的 123%提升至 128%，污水处理厂运行压力进一步升高，2017 年第四污水处理厂旱天进水浓度达标率仍然偏低，但第五污水处理厂旱天进水浓度达标率较 2016 年有了较大的提升。

（3）基准年片区调蓄池调蓄水量较 2016 年有一定的提升。各调蓄池对应各合流制溢流口溢流频率及溢流水量的控制率也均有一定的提升，麻线沟调蓄池相对其他调蓄池合流制溢流污染控制效果最好。

3.1.2   盘龙江片区污染负荷综合评估

1．盘龙江片区雨污分流率

根据对盘龙江片区管网数据及现场调查结果的分析，得到盘龙江片区雨污分流率，见表 3-9。

表 3-9　盘龙江片区雨污分流情况

区域	系统面积/km²	合流区域面积/km²	雨污分流率/%
二环路外	102.22	68.38	33
二环路内	13.48	12.48	7
总计	115.70	80.86	40

2. 盘龙江片区年径流总量控制率

现状盘龙江片区的径流控制主要依靠区域内透水地表的下渗以及调蓄池、污水处理厂等设施雨天对降雨径流消纳。基准年盘龙江片区年径流总量控制率见表 3-10。

表 3-10　盘龙江片区年径流总量控制率

工程措施削减合流水量/（万 m³/a）	不产生径流的降雨总量/（万 m³/a）	控制降雨总量/（万 m³/a）	年降雨总量/（万 m³/a）	年径流（降雨）总量控制率/%
853	8 291	9 144	13 017	70

3. 盘龙江片区年污水及负荷总量

1）旱天污水及负荷总量

盘龙江片区旱天污水及污染负荷主要来自点源，污水及污染负荷排放量见表 3-11。

表 3-11　研究区旱天污水及污染负荷排放量

污染物	污水/万 m³	COD/t	TN/t	TP/t	NH_3-N/t
点源	3 875	9 584	1 950	178	1 627

2）雨天污水及负荷总量

盘龙江片区雨天污水及污染负荷主要来自点源和降雨过程中产生的面源污染，根据区域降雨数据，2017 年盘龙江雨天共计 163 天，雨天污水及污染负荷排放量见表 3-12。

表 3-12　研究区雨天污水及污染负荷排放量

污染物	污水/万 m³	COD/t	TN/t	TP/t	NH₃-N/t
点源	3 127	7 733	1 574	144	1 313
面源	4 726	3 710	910	68	410
合计	7 853	11 444	2 484	212	1 723

3）片区污水及负荷总量

根据盘龙江片区旱天及雨天的污水及负荷量核算，得到基准年盘龙江片区污水及负荷总量，见表 3-13。

表 3-13　研究区污水及污染负荷总排放量

	污水/（万 m³/a）	COD/（t/a）	TN/（t/a）	TP/（t/a）	NH₃-N/（t/a）
旱天	3 875	9 584	1 950	178	1 627
雨天	7 853	11 444	2 484	212	1 723
合计	11 728	21 027	4 434	390	3 350

4）盘龙江片区污水收集率

根据盘龙江沿线排放口调查情况，旱天片区无污水直排现象，且旱天片区污水产生量远小于片区污水处理量,因此,盘龙江片区旱天污水收集率为100%。2017年盘龙江片区雨天污水收集处理率见表 3-14。

表 3-14　盘龙江片区雨天污水收集处理率

盘龙江片区雨天污水总量/万 m³	盘龙江片区雨天收集污水总量/万 m³	盘龙江片区雨天污水收集处理率/%
7 853	4 013	51

综上，2017 年盘龙江片区污水总收集处理率见表 3-15。

表 3-15　盘龙江片区污水总收集处理率

盘龙江片区污水总量/万 m³	盘龙江片区收集污水总量/万 m³	盘龙江片区污水收集处理率/%
11 728	7 888	67

5）盘龙江片区污染负荷削减率

2017 年盘龙江片区旱天和雨天的污染负荷削减率分别见表 3-16 和表 3-17。

表 3-16　旱天污染负荷削减率

	COD	TN	TP	NH$_3$-N
旱天污染负荷总量/t	9 584	1 950	178	1 627
旱天污染负荷削减量/t	8 401	1 285	148	1 408
旱天污染负荷削减率/%	88	66	83	87

表 3-17　雨天污染负荷削减率

	COD	TN	TP	NH$_3$-N
雨天污染负荷总量/t	21 027	4 434	389	3 349
雨天污染负荷削减量/t	15 685	2 697	282	2 512
雨天污染负荷削减率/%	75	61	72	75

2017 年盘龙江片区污染负荷总削减率见表 3-18。

表 3-18　片区污染负荷总削减率

	COD	TN	TP	NH$_3$-N
污染负荷总量/t	30 611	6 384	567	4 976
污染负荷总削减量/t	24 086	3 982	430	3 920
污染负荷总削减率/%	79	62	76	79

6）盘龙江片区入河水量及负荷总量

根据盘龙江陆域模型模拟结果可知，2017 年盘龙江沿岸雨水口排放水量为 908 万 m^3，COD 排放量为 516 t，TN 排放量为 128 t，TP 排放量为 9 t，NH$_3$-N 排放量为 40 t（表 3-19）。

表 3-19　2017 年研究区雨水口入河量

径流排放量/万 m^3	COD/（t/a）	TN/（t/a）	TP/（t/a）	NH$_3$-N/（t/a）
908	516	128	9	40

　　研究区内有 19 个主要的合流制溢流口，根据盘龙江陆域污染负荷迁移转化模型模拟结果统计，年排放总水量为 2 933 万 m³，溢流污染物负荷为 COD 1 977 t/a，TN 403 t/a，TP 34 t/a，NH₃-N 196 t/a（表 3-20）。

表 3-20　研究区合流制溢流污染入河量

序号	合流制溢流口	年溢流总量/万 m³	COD/(t/a)	TN/(t/a)	TP/(t/a)	NH₃-N/(t/a)
1	北辰大沟	840	959	183	17.4	121.0
2	学府路大沟	528	443	96	7.2	44.8
3	核桃箐沟	206	153	38	2.7	16.5
4	花渔沟	247	78	16	1.3	1.5
5	马溺河	561	82	21	1.5	0.1
6	金星立交桥大沟	70	54	12	0.9	4.5
7	麦溪沟	72	32	6	0.4	0.2
8	上庄防洪沟	54	26	5	0.4	1.6
9	右营防洪沟	53	26	6	0.4	0.5
10	教场上线防洪沟	46	11	2	0.2	0.6
11	财经学校大沟	40	28	5	0.4	0.4
12	财大大沟	37	25	5	0.4	1.9
13	麻线沟	42	19	4	0.3	1.0
14	霖雨路大沟	22	11	2	0.2	0.9
15	白云路大沟	20	7	1	0.1	0.4
16	中坝村防洪沟	92	22	1	0.2	0.0
17	教场中线防洪沟	3	1	0	0.0	0.1
18	圆通沟	0	0	0	0.0	0.0
19	老李山分洪沟	0	0	0	0.0	0.0
	合计	2 933	1 977	403	34	196

　　如上所述，盘龙江片区的主要污水处理厂为昆明市第四污水处理厂和第五污水处理厂。其中，第四污水处理厂设计处理规模为 6 万 m³/d，2017 年的实际运行规模为 4.78 万 m³/d，其尾水约 1 万 m³/d 排入翠湖，其余排入盘龙江。第四污水处理厂出水 COD 平均浓度为 9.6 mg/L。第五污水处理厂深度处理部分设计处理规模为 18.5 万 m³/d，2017 年实际运行规模为 24.15 万 m³/d，深度处理部分尾水排

入金汁河，为应对雨季大量的合流制污水，第五污水处理厂配置有 20 万 m³/d 的一级强化处理，2017 年实际运行规模为 6.46 万 m³/d，其出水排入盘龙江。根据污水处理厂的实际运行数据计算，第四污水处理厂、第五污水处理厂 2017 年排入盘龙江的尾水总量及污染物负荷见表 3-21。

表 3-21　研究区污水处理厂尾水入河量

污水处理厂	水量/万 m³	COD/（t/a）	TN/（t/a）	TP/（t/a）	NH₃-N/（t/a）
第四污水处理厂	1 393	129	95	2	5
第五污水处理厂（一级强化）	2 358	1 272	487	32	384
合计	3 751	1 401	582	34	389

综上所述，盘龙江片区基准年排入盘龙江的 COD、TN、TP 和 NH_3-N 的负荷总量分别为 3 895 t、1 114 t、77 t 和 625 t（表 3-22）。雨水口、合流制溢流口和污水处理厂尾水口排放的 COD 分别占污染物总量的 13%、51% 和 36%，TN 分别占污染物总量的 11%、36% 和 52%，TP 分别占污染物总量的 12%、44% 和 44%，NH_3-N 分别占污染物总量的 6%、31% 和 62%。

表 3-22　研究区全年入河量

类型	水量/万 m³	COD/（t/a）	TN/（t/a）	TP/（t/a）	NH₃-N/（t/a）
雨水口	908	516	128	9	40
合流制溢流口	2 933	1 978	404	34	196
污水处理厂尾水口	3 751	1 401	582	34	389
合计	7 592	3 895	1 114	77	625

盘龙江各片区污染负荷入河量分布情况如图 3-3 所示。各汇水区入河污染负荷最大的为北辰大沟，其次为学府路大沟。北辰大沟 COD、TN、TP 和 NH_3-N 的入河量分别占盘龙江总入河量的 39%、35%、41% 和 52%，学府路大沟 COD、TN、TP 和 NH_3-N 的入河量分别占盘龙江总入河量的 22%、24%、21% 和 23%。

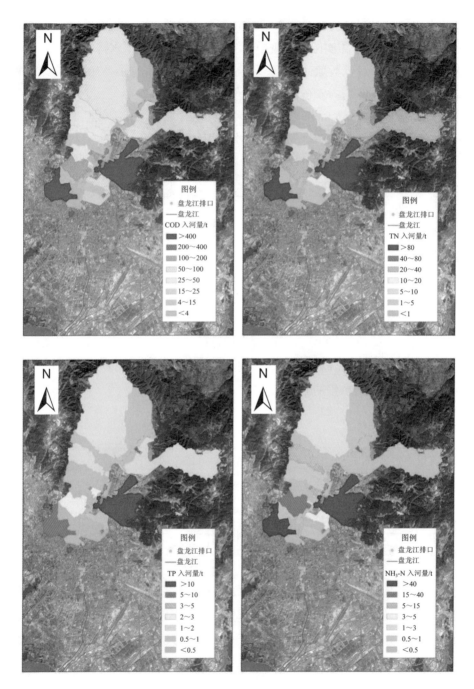

图 3-3 盘龙江各排口汇水区入河污染负荷分布

4．片区综合评价结论

（1）盘龙江片区由于排口封堵以及主要沟渠末端截污，大部分区域为合流制区域，基准年片区整体的雨污分流率为 30%。

（2）盘龙江片区旱天无污水直排，产生的污水能够实现全收集全处理。2017年由于片区水量较大，第五污水处理厂一级强化处理系统基本处于每日运行的状态，一级强化系统对污染物的去除作用有限；此外，2017 年降水量相对较大，且单点强降雨频率较 2016 年高，雨天溢流量较大，导致片区整体污染负荷削减率偏低，全年污染负荷削减率为 62%～79%。

（3）盘龙江片区污染负荷入河量主要来自污水处理厂尾水以及片区合流制溢流口的溢流污染负荷，除尾水口外，入河污染负荷最大的为北辰大沟，其次为学府路大沟，两个排口处 COD、TN、TP 和 NH_3-N 的入河量分别占合流制总入河量的 71%、69%、72% 和 85%。

3.1.3　水陆衔接指标评估

1．重点断面水质达标率

计算盘龙江各个断面月度监测数据的平均值，得到各项监测指标对应年均值，结合模型输出结果，选取 COD、NH_3-N、TN 和 TP 4 项指标，按沿盘龙江河流流向的断面分布相对位置，开展水质指标年均值的沿程变化分析。

COD 随河流流向呈现先降低后升高的趋势，同时年均值均低于河流地表水环境Ⅲ类质量标准（≤20 mg/L）和Ⅱ类水质量标准（≤15 mg/L）。最低值（3.71 mg/L）出现的位置处于上游牛栏江补水末端出水口处。最高值（11 mg/L）也在首个监测断面——松华坝口处出现。

NH_3-N 沿程变化呈现整体不断升高的趋势，自松华坝口入水的 NH_3-N 浓度较低，为 0.12 mg/L，之后缓慢升高，经过霖雨桥断面后浓度迅速增加，最高达到 0.74 mg/L。对照《地表水环境质量标准》，各个断面年均值均能够达到Ⅲ类标准，且除得胜桥（小人桥）、广福路（市站）与严家村外，其余断面满足Ⅱ类标准。

TN 整体变化为上升趋势，但存在较大的波动。自松华坝口断面后，TN 含量迅速升高至 2.76 mg/L，之后在大花桥（盘龙站测）与霖雨桥呈现较低浓度。流过霖雨桥断面后 TN 浓度迅速升高，超过 3 mg/L 并保持不变。对 TN 而言，除了松华坝口断面外，其余断面 TN 浓度均远远超出河流Ⅲ类水质标准。考虑到 TN 削减的困难以及营养负荷控制的效率，TN 达标存在较大困难。

TP 浓度沿程从松华坝口的 0.018 mg/L 到广福路（市站）的 0.122 mg/L 呈现总体持续上升的趋势。考虑水质达标时，所有断面均需满足地表河流Ⅲ类水标准（≤0.2 mg/L），但为了控制滇池入湖河流的负荷，以地表湖库标准Ⅳ类（≤0.1 mg/L）考虑，则得胜桥（小人桥）及之后的广福路（市站）、严家村水质均不达标。

按照河流Ⅲ类标准评价，盘龙江沿程断面中得胜桥、广福路和严家村的 NH₃-N 在 7—9 月超标。按照湖库Ⅳ类标准，除松华坝口和大花桥的 TN 全年达标外，其他断面全年均不达标；对于 TP，沿程断面达标率逐次下降（表 3-23）。

表 3-23　盘龙江断面在地表水Ⅳ类标准（湖库）下的达标率　　　　单位：%

站点名	COD 达标率	NH₃-N 达标率	TP 达标率	TN 达标率
	≤30 mg/L	≤1.5 mg/L	≤0.1 mg/L	≤1.5 mg/L
松华坝口	100	100	100	100
牛栏江补水	100	100	92	0
大花桥	100	100	75	—
霖雨桥	100	100	83	—
小厂村桥	100	100	75	0
得胜桥	100	100	58	0
广福路	100	100	33	0
严家村	100	100	33	0

图 3-4 表征水质指标在时空维度上的超标情况。结合断面达标考核（湖库Ⅳ类）重新绘制盘龙江水质时空分布，分别以 COD≤30 mg/L、NH₃-N≤1.5 mg/L、TN≤1.5 mg/L、TP≤0.1 mg/L 作为达标判定，超标点位标识呈亮红色，对各个断面的相对位置进行标志。在空间上，除 COD 在上游数值较高外，其余 3 项指标均表明盘龙江沿程自北向南水质逐渐变差，其中，影响明显的两个断面依次为牛栏江补水入水口以及第五污水处理厂出水口。牛栏江补水在补充水量的同时，携带了部分营养物质，造成了盘龙江的水质突变；第五污水处理厂的出水口排放显

著影响了盘龙江河水，引起排口下游各个断面水质指标的升高。从时间上看，各项指标均在 7—10 月达到高值，这一时间段内各个断面的水质未达标风险较高。结合 TN 分布图可知，一方面 7—10 月牛栏江来水水质变差，引入了更多营养物质；另一方面，7—10 月处于雨季，强化了第五污水处理厂的尾水排放对下游水质的影响，进一步加大了这段时间内下游未达标风险。

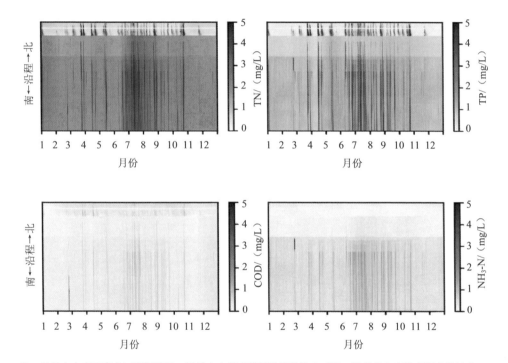

注：纵轴方向表示盘龙江空间沿程，横轴方向代表模拟结果的输出时间，图像的灰度代表相应的浓度。

图 3-4　湖库Ⅳ类标准下盘龙江沿程水质超标热力

　　由分析结果可知，TN 在各个断面全年均处于未达标水平，表明牛栏江来水是引起盘龙江 TN 升高的主要原因。对 TP 而言，第五污水处理厂的尾水排放显著改变了水质达标情况，因此，在暂不考虑 TN 的情况下，第五污水处理厂排放是造成下游断面 TP 未达标的主要成因，雨季尾水排放的增加也直接导致下游断面水质未达标。对 COD 和 NH$_3$-N 而言，全年基本都能满足达标要求，NH$_3$-N 仅在 7 月和 8 月出现下游断面短时间超标，这两种指标风险较小，控制要求较低。

为进一步分析、确定盘龙江是否满足水质沿程不削减的目标，基于模拟结果，以断面相对于前一相邻断面的 4 项水质指标做比较，计算相对变化百分比，负值代表水质恶化，正值代表水质改善。结合基准年的气象数据，区分旱天、雨天情况下沿程水质变化（图 3-5 和图 3-6）。

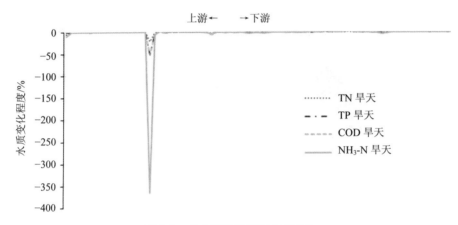

图 3-5　盘龙江旱天沿程水质波动

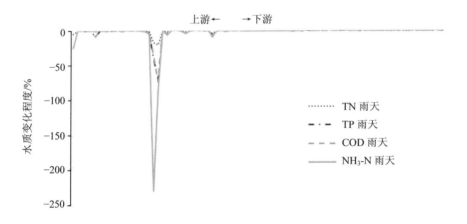

图 3-6　盘龙江雨天沿程水质波动

盘龙江的模拟结果表明，虽然沿程绝大部分河道断面均能满足水质不削减的治理目标，但仍存在部分河段发生水质急剧恶化的情况。其中，主要发生在第五污水处理厂及北辰路附近，4 项指标均出现了极为显著的恶化情况，恶化程度最高的断面雨天 TN、TP、COD 和 NH_3-N 分别达到了 20%、69%、73% 和 229%，而旱天分别达到了 21%、50%、51% 和 365%。此外，学府路及附近河段也出现了小幅度恶化，由于其处于第五污水处理厂河流水质突变的下游，其对水质的影响也不容忽视。

基于监测数据和模型模拟结果分析，盘龙江沿程及各个断面水质评估主要结论如下：

（1）按照河流III类标准评价，盘龙江沿程断面达标率逐次下降。监测结果表明，得胜桥、广福路和严家村的 NH_3-N 在 7—9 月超标（1 mg/L）。模拟结果表明，TP 在全部断面处的全年达标率超过 85%，COD 几乎实现 100% 达标，NH_3-N 达标率超过 80%。

（2）按照湖库IV类标准评价，沿程断面达标率逐次下降。监测结果表明，TN 在松华坝口和大花桥全年达标，但在其他断面全年均不达标；TP 在严家村达标率仅为 33%；COD 和 NH_3-N 全年达标。模拟结果表明，TN 达标情况与监测结果一致；TP 在小厂村及下游断面的达标率均不超过 31%；COD 几乎全年达标；NH_3-N 达标率均超过 90%。监测和模拟数据具有一致结论。

（3）模拟结果表明，绝大部分河道断面均能满足水质不削减的目标，但仍存在部分河段发生水质急剧恶化的情况，尤其以第五污水处理厂及北辰路附近河段最为严重，突出表现在 NH_3-N 这一指标，最高恶化程度雨天接近 230%，旱天超过 360%。

（4）对未达标水质指标的改善建议。TN 的改善主要依赖牛栏江来水的控制，TP 的降低需提高第五污水处理厂一级强化尾水的处理与排放标准。此外，由于 7—10 月的密集降雨，增加了排口短时间内溢流的水质影响，需着重考虑雨季的风险防控。

2. 重要排口对盘龙江特定断面的贡献率

在对牛栏江补水的基础上，为突出尾水口和排口的影响，提取了前 10 个重要污染负荷输入源（水质贡献之和超过 97%）。牛栏江补水口不纳入考虑，单独比较剩余 9 个主要排口对不同断面水质的影响贡献，按照 4 项水质指标绘制不同排口的贡献占比，见表 3-24～表 3-27。

表 3-24　各断面 TN 主要影响排口及贡献占比　　　　　　　单位：%

断面	类型	PSYS 1401004022 13	马溺河	花渔沟	第五污水处理厂	北辰大沟	PSYS 1401004020 27	PSYS 1401004020 35	第四污水处理厂	学府路大沟
大花桥	旱天	0	0	0	0	0	0	0	0	0
	雨天	0.2	0.2	0.8	0	0	0	0	0	0
霖雨路	旱天	0	0	0	0	0	0	0	0	0
	雨天	0.2	1.1	1.2	0	0	0	0	0	0
北辰路	旱天	0.1	0	0.1	18.7	0	0	0	0	0
	雨天	0.3	1.0	1.4	14.3	3.7	0	0	0	0
学府路	旱天	0.1	0	0	17.6	0.3	0.6	0	0	0.2
	雨天	0.3	0.9	1.3	12.9	6.1	2.5	1.9	0	2.7
小厂村	旱天	0.1	0	0	17.9	0.4	0.7	0	1.2	0.3
	雨天	0.3	0.9	1.3	12.5	7.2	2.5	1.9	0.8	3.6
得胜桥	旱天	0.1	0	0.1	18.8	0.4	0.9	0.1	1.4	0.5
	雨天	0.3	0.8	1.5	12.3	6.4	3.1	2.4	1.0	4.8
广福路	旱天	0.1	0.1	0	17.1	1.2	0.6	0.1	3.8	0.4
	雨天	0.2	1.2	1.0	11.6	11.5	1.8	1.6	2.6	3.7
严家村	旱天	0.1	0.1	0.1	17.8	1.4	0.6	0.1	3.8	0.5
	雨天	0.2	1.2	1.0	11.7	11.9	1.8	1.6	2.6	3.5

表 3-25　各断面 TP 主要影响排口及贡献占比　　　　　　　单位：%

断面	类型	PSYS 1401004022 13	马溺河	花渔沟	第五污水处理厂	北辰大沟	PSYS 1401004020 27	PSYS 1401004020 35	第四污水处理厂	学府路大沟
大花桥	旱天	0.1	0	0.1	0	0	0	0	0	0
	雨天	0.6	0.6	2.2	0	0	0	0	0	0
霖雨路	旱天	0.1	0.1	0.1	0	0	0	0	0	0
	雨天	0.7	3.0	2.8	0	0	0	0	0	0
北辰路	旱天	0.2	0.1	0.1	30.1	0.2	0	0	0	0
	雨天	0.7	1.8	2.5	24.5	9.2	0	0	0	0

断面	类型	PSYS 1401004022 13	马溺河	花渔沟	第五污水处理厂	北辰大沟	PSYS 1401004020 27	PSYS 1401004020 35	第四污水处理厂	学府路大沟
学府路	旱天	0.2	0	0	28.0	0.9	1.4	0.1	0	0.4
	雨天	0.6	1.3	1.9	19.5	13.1	5.1	3.0	0	4.7
小厂村	旱天	0.2	0.1	0.1	28.3	1.2	1.6	0.1	0.7	0.7
	雨天	0.5	1.3	1.9	18.6	15.1	5.1	2.8	0.4	6.2
得胜桥	旱天	0.2	0	0.1	29.3	1.2	2.1	0.1	0.8	1.0
	雨天	0.6	1.1	2.0	18.1	13.2	6.1	3.5	0.4	7.9
广福路	旱天	0.2	0.1	0	27.0	3.0	1.3	0.1	2.2	0.9
	雨天	0.4	1.7	1.4	17.1	21.9	3.3	2.3	1.1	5.8
严家村	旱天	0.2	0.1	0.1	27.9	3.4	1.4	0.2	2.2	1.0
	雨天	0.4	1.7	1.4	17.2	22.7	3.3	2.2	1.1	5.4

表 3-26　各断面 COD 主要影响排口及贡献占比　　　　单位：%

断面	类型	PSYS 1401004022 13	马溺河	花渔沟	第五污水处理厂	北辰大沟	PSYS 1401004020 27	PSYS 1401004020 35	第四污水处理厂	学府路大沟
大花桥	旱天	0.1	0	0.1	0	0	0	0	0	0
	雨天	0.6	0.6	2.2	0	0	0	0	0	0
霖雨路	旱天	0.1	0.1	0.1	0	0	0	0	0	0
	雨天	0.7	2.9	2.8	0	0	0	0	0	0
北辰路	旱天	0.2	0	0.1	27.9	0.2	0	0	0	0
	雨天	0.7	1.8	2.5	20.3	9.4	0	0	0	0
学府路	旱天	0.2	0	0	26.0	0.9	1.4	0.1	0	0.5
	雨天	0.6	1.3	1.9	16.3	13.2	5.0	3.0	0	5.1
小厂村	旱天	0.2	0	0.1	26.0	1.2	1.6	0.1	1.3	0.8
	雨天	0.5	1.3	1.8	15.5	15.1	4.9	2.8	0.8	6.7
得胜桥	旱天	0.2	0	0.1	27.0	1.2	2.1	0.1	1.5	1.2
	雨天	0.5	1.1	2.0	15.1	13.1	5.9	3.5	0.9	8.6
广福路	旱天	0.2	0.1	0	24.5	3.1	1.2	0.1	4.1	1.1
	雨天	0.3	1.7	1.4	14.2	21.7	3.2	2.2	2.3	6.3
严家村	旱天	0.2	0.1	0.1	25.3	3.5	1.4	0.2	4.1	1.1
	雨天	0.3	1.7	1.4	14.2	22.6	3.2	2.1	2.3	5.8

表 3-27 各断面 NH₃-N 主要影响排口及贡献占比 单位：%

表 3-27 各断面 NH_3-N 主要影响排口及贡献占比　　　　　　　　单位：%

断面	类型	PSYS 1401004022 13	马溺河	花渔沟	第五污水处理厂	北辰大沟	PSYS 1401004020 27	PSYS 1401004020 35	第四污水处理厂	学府路大沟
大花桥	旱天	0	0	0	0	0	0	0	0	0
	雨天	0	0	1.4	0	0	0	0	0	0
霖雨路	旱天	0	0	0.1	0	0	0	0	0	0
	雨天	0	0.1	2.0	0	0	0	0	0	0
北辰路	旱天	0	0	0	76.6	0.2	0	0	0	0
	雨天	0	0	1.1	54.0	12.3	0	0	0	0
学府路	旱天	0	0	0	71.9	0.9	1.8	0	0	0.6
	雨天	0	0	0.7	42.4	15.5	6.8	3.7	0	5.6
小厂村	旱天	0	0	0	72.4	1.2	2.1	0.1	0.3	0.9
	雨天	0	0	0.6	40.4	17.5	6.5	3.5	0.1	7.6
得胜桥	旱天	0	0	0	73.4	1.1	2.8	0.1	0.4	1.2
	雨天	0	0	0.6	39.2	15.2	7.8	4.3	0.1	9.6
广福路	旱天	0	0	0	70	3.2	1.6	0.1	1.1	1.2
	雨天	0	0	0.5	37.9	25.1	4.2	2.7	0.4	6.8
严家村	旱天	0	0	0	71.3	3.6	1.9	0.2	1.0	1.3
	雨天	0	0	0.4	37.9	25.9	4.3	2.6	0.4	6.4

由筛选结果可知，对水质影响最大的排口是第五污水处理厂一级强化，由于其尾水排口位置位于霖雨路—北辰路河段，使得其对下游断面水质产生了显著贡献。北辰大沟、学府路大沟、PSYS140100402027、PSYS140100402035 以及第四污水处理厂等其余排口也产生了不同程度的贡献。

从不同水质指标的比较来看，相较于 TN、TP、COD，第五污水处理厂一级强化对于 NH_3-N 的贡献比例始终处于相对较高的水平；从负荷排放特征来看，第五污水处理厂一级强化尾水的 NH_3-N 含量显著高于第四污水处理厂及其他排口，因此，就 NH_3-N 指标而言，第五污水处理厂一级强化尾水的控制会对盘龙江下游断面 NH_3-N 削减带来更明显的效果。但对于 TN、TP、COD 的削减需要兼顾第五污水处理厂一级强化和其余排口。

　　结合降雨条件可知，排口呈现两大特点：①污水处理厂的排口——第五污水处理厂一级强化、第四污水处理厂尾水排口，其旱天负荷贡献明显高于雨天；②其余以北辰大沟和学府路大沟为代表的合流制排口，在雨天的影响贡献较旱天显著升高。在旱天，合流制排口的排放量可以忽略，此时污水处理厂是造成水质指标上升的主要污染源，而在雨天条件下，降雨冲刷增强了片区面源污染，经过排口溢流进入盘龙江，使得合流制排口的贡献出现了明显的增加。在盘龙江水质改善中，需要对合流制排口在降雨天气的溢流进行进一步的削减和控制。

　　以上是针对基准年现状下的污染源水质解析。同时，系统评估已经分析第五污水处理厂关闭一级强化或提升一级强化规模、第四污水处理厂和第五污水处理厂尾水外排、新建第十四污水处理厂等工况下的盘龙江片区入河水量、入河负荷和沿程水质的变化情况。综合以上分析，不同运行工况对盘龙江的水质影响关系见表 3-28。

表 3-28　不同运行工况下的盘龙江水质变化程度对比　　　　　单位：%

运行工况	TN	TP	COD	NH$_3$-N
第五污水处理厂不运行一级强化	0	15	15	16
第五污水处理厂四、第五污水处理厂尾水外排	−14	−20	−18	−17
新建第十四污水处理厂（近期）	−6	−10	−9	−18

注：基础条件是 2017 年实际运行工况（第五污水处理厂一级强化运行 6 万 m^3，第四污水处理厂和第五污水处理厂一级强化尾水进盘龙江，此时还未运行第十四污水处理厂）；正值表示水质发生恶化，负值表示水质发生改善。

　　由表 3-30 可知，第五污水处理厂一级强化的运行、第四污水处理厂和第五污水处理厂尾水的外排资源化及第十四污水处理厂（近期）的建设都对盘龙江水质的改善发挥着重要作用。而排口的溢流与否和这些污水处理设施的运行工况具有高度关联性，为保证盘龙江沿程水质不发生显著恶化，可形成"开启第五污水处理厂一级强化—第四污水处理厂、第五污水处理厂尾水外排资源化—新建第十四污水处理厂—排口控制"的总体控制要求。

　　（1）建议维持现状下的第五污水处理厂一级强化运行规模，关闭第五污水处理厂一级强化将导致排口的溢流量急剧增加，不利于盘龙江沿程水质的改善，而提高一级强化的运行规模对盘龙江水质的改善效果十分有限。

（2）建议将第四污水处理厂尾水和第五污水处理厂一级强化尾水进行外排资源化，目前可通过已有的 10 万 m³ 新建管道完成。

（3）尽快启用新建的第十四污水处理厂，将二环外第五污水处理厂超额处理的污水和合流污水转输至第十四污水处理厂进行处理。

（4）在第五污水处理厂运行一级强化、第四污水处理厂和第五污水处理厂尾水外排及新建第十四污水处理厂的基础上对合流制排口在降雨天气的溢流进行进一步的削减和控制。

3. 片区排口污染负荷目标削减率

在研究期内，由于第十四污水处理厂尚未建设完成，短期内未能实现盘龙江片区的负荷削减，在此条件下盘龙江沿程的排口溢流情况在雨天依然较严重。在控制第四污水处理厂、第五污水处理厂一级强化尾水的运行和排放工况下，能够发现在雨天仍有部分排口发生大量的溢流现象，造成盘龙江沿程水质发生恶化（图 3-7）。因此，在此基础上仍需要对排口提出进一步的削减要求。

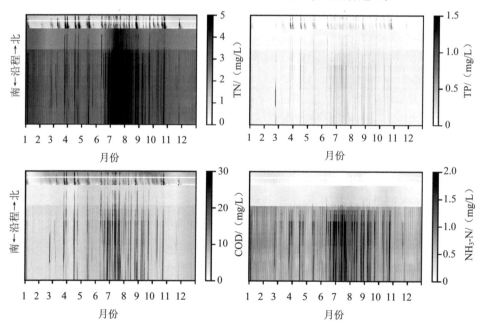

注：纵轴方向表示盘龙江空间沿程，横轴方向表示模拟结果的输出时间，图像的灰度代表相应的水质指标浓度。

图 3-7 第四污水处理厂和第五污水处理厂尾水外排下盘龙江沿程水质时空变化

为确定排口的污染特点，厘清排口溢流量及负荷与盘龙江水质的关系，为后续选取重点排口的控制措施提供指导方向，需要根据排口的类别划分，对排口进行分类控制。

陆域模型模拟输出共计 103 个普通排口以及第四污水处理厂、第五污水处理厂尾水出水口的排放情况。对普通排口进行分类，按照排口之间相对位置，对模拟期限内排口排放总流量和旱天流量作图。由图 3-8 可知，总体上，排口流量差异悬殊，大部分的排口流量很小，而剩余排口数量较少但流量较大，需要重点关注其排放对水体的作用；空间分布上，大流量排口一般伴随相邻位置的偏高，说明相同片区可能是影响排口流量局部协同峰值的重要因素，此外流量分布结合相对位置整体没有明显的规律。

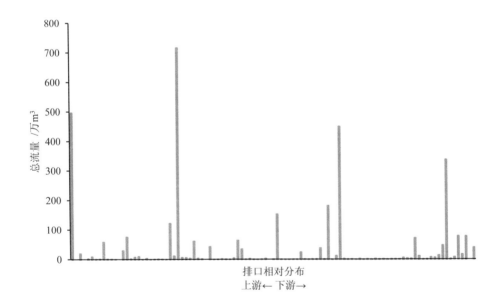

图 3-8　沿程排口排放流量

筛选出溢流量超过 10 万 m^3 的排口，其中在雨季溢流量最大的前 5 个排口都是合流制排口，溢流量占全部排口溢流量的 66%（表 3-29）。

表 3-29　盘龙江片区主要排口的雨季溢流量　　　　　单位：万 m³

排口名称	流量
北辰大沟	716
马溺河	496
学府路防洪沟	450
花渔沟	337
核桃箐沟	181
PSYSPL00677.2	153
PSWSPL90057.3	122
麦溪沟	79
中坝村防洪沟 2	79
PSWSPL00651.3	75
YS04201705010010055.1	72
PSYS140100402092.1	64
金星立交桥大沟	61
右营防洪沟	59
YS08201705150050015.2	48
PSYS140100401230.1	43
麻线沟	41
财经学校大沟	38
财大大沟	35
PSWSPL00596.1	30
霖雨路大沟	24
白云路大沟	19
YS08201705250010002.2	17
YS08201705010010064.1	14
tianjia54.1	12
PSYS091002001470.2	11
YS04201705200010012.1	11

但是溢流量大并不意味着对盘龙江的水质影响就大，需要考虑的另一个因素是溢流的污染物浓度。因此，控制排口应围绕两个维度，首先抓住溢流量大的重点排口，其次结合溢流污染程度，确定控制措施的优先程度。综合考虑，大流量类别下高污染程度的排口优先程度最高，首先通过控制溢流等措施可以对负荷削减起决定性作用并较明显地改善河道水质；其次是中流量类别下的高污染排口，可以对其减少污染输入；最后若未达到要求，再对剩余排口进行控制，体现"重点控制、分层管理"的治理思路。据此筛选出溢流量与溢流浓度较大的排口，见表 3-30。

表 3-30　溢流量与溢流浓度较大的排口

排口名称	溢流量/万 m³	TN 溢流浓度/（mg/L）	TP 溢流浓度/（mg/L）	COD 溢流浓度/（mg/L）	NH₃-N 溢流浓度/（mg/L）
北辰大沟	716	17.26	1.63	91.06	11.24
学府路防洪沟	450	15.65	1.22	75.97	7.87
花渔沟	337	5.50	0.45	26.37	0.60
核桃箐沟	181	15.97	1.16	66.39	7.40
PSYSPL00677.2	153	10.30	0.78	51.17	3.01
PSWSPL90057.3	122	26.93	2.16	114.42	18.06
PSWSPL00651.3	75	10.77	0.76	51.59	2.05
金星立交桥大沟	61	14.29	1.16	71.24	6.12

注：此为模拟数据，溢流浓度为全年平均值。

为控制这些重要排口对盘龙江沿程的水质影响，需要对其进行污染负荷削减。考虑到盘龙江水质的本底值即为牛栏江补水末端水质，结合陆域-水域响应模型的模拟结果得到每个排口对盘龙江沿程各点的水质贡献值，形成以下排口削减率分析步骤：

（1）统计排口雨天溢流的总水量、负荷总量、平均溢流浓度。

（2）统计排口对盘龙江下游入湖处的水质贡献值，经过模型削减情景模拟，得到水质贡献随排口负荷削减呈线性关系。

（3）经过前面的分析可知，盘龙江水质指标中 TN 超标最为严重，而 TP、NH₃-N 和 COD 的达标率较好，因此选择 TN 为削减的参考指标。

（4）由于各个排口对盘龙江水质有共同影响但程度不一样，需要确定各个排口分别削减量以达到沿程水质不退化的目标，因此运用优化手段计算各个排口的控制率。在优化算法中，目标函数为（Yang and Best，2015）

$$\min f(P_i) = \sum_{n=1}^{N} \text{load}_i \times P_i \tag{3-1}$$

约束条件为

$$C \times S_i \times (1 - P_i) \leqslant C \times T, \quad i = 1,2,\cdots,N$$
$$\text{limit\_low} \leqslant P_i \leqslant \text{limit\_up} \tag{3-2}$$

式中，P_i 为第 i 个排口的负荷削减率（%）；load_i 为第 i 个排口现状的负荷（t/a）；C 为盘龙江入湖断面的水质浓度（mg/L）；S_i 为第 i 个排口现状的水质贡献百分比（%，由模型计算得到）；T 为设计的雨天排口水质贡献的限制（%，即所有排口的水质贡献百分比总和不超过 T，则认为盘龙江沿程水质未恶化）；limit_low 为排口削减率的下限（取值为 0）；limit_up 为排口削减率的上限（取值为 90%）。

经过优化，得到理论的削减结果（表 3-31）：8 个重点排口中，北辰大沟的削减比例（90%）和削减量最大（TN、TP、COD 和 NH$_3$-N 分别削减 110.9 t、10.4 t、585.0 t 和 72.2 t），削减比例和削减量最小的是 PSWSPL00651.3；各排口 TN、TP、COD 和 NH$_3$-N 的总削减量分别为 243.2 t、20.6 t、1 192.4 t 和 132.0 t。

表 3-31　盘龙江重要排口的削减控制目标

排口名称	负荷削减率/%	TN 削减量/t	TP 削减量/t	COD 削减量/t	NH$_3$-N 削减量/t
北辰大沟	90	110.9	10.4	585.0	72.2
学府路防洪沟	53	36.8	2.9	178.8	18.5
花渔沟	89	16.4	1.3	78.7	1.8
核桃箐沟	90	25.9	1.8	107.6	12.0
PSYSPL00677.2	84	13.3	1.0	65.7	3.9
PSWSPL90057.3	90	29.4	2.4	124.8	19.7
PSWSPL00651.3	33	2.6	0.2	12.6	0.5
金星立交桥大沟	90	7.9	0.6	39.2	3.4
合计		243.2	20.6	1 192.4	132.0

4．合流制排口溢流控制率

根据理论计算得到的主要排口的溢流负荷削减率，等效为排口的溢流量控制率。主要排口在现状的基础上可以新增一定的截留量，如果现状下的溢流量不超过新增截留量，排口则不会发生溢流，当超过新增截留量时才会溢流。据此可得到合流制排口在新增控制前后的溢流频次和相应的溢流频次控制率（表 3-32）。

表 3-32　主要排口的控制溢流频次控制率

合流制排口	控制前溢流频次	控制后溢流频次	溢流频次控制率/%
北辰大沟	79	35	56
学府路大沟	113	19	83
花渔沟	91	18	80
核桃箐沟	80	80	0
PSYSPL00677.2	74	17	77
PSWSPL90057.3	76	70	8
PSWSPL00651.3	88	25	72
金星立交桥大沟	93	21	77

北辰大沟在目前的溢流频次较高，当溢流量减少 90%时，溢流频次只减少56%，溢流频次减少比例低于负荷削减比例的现象同样出现于其他排口，因此控制排口溢流次数的难度要同时考虑溢流量或者溢流负荷的控制。

3.2　系统运行的目标影响分析

3.2.1　管理目标分析

根据昆明市"河长令"的要求，盘龙江各合流制支流沟渠在日降雨为 7～10 mm 的情况下不发生溢流，设计情景对盘龙江是否达到这一要求进行评估。

1．降雨情景设计

由于"河长令"中未规定具体降雨强度，因此，在模拟的过程中选用降水量上限（10 mm）来进行模拟。设计雨型主要考虑均匀型（10 mm 降雨平均分布在

24 h）和单点型（10 mm 降雨集中在 1 h 内）两种情景（表 3-33），并根据实际降雨情况选择了两场降水量接近 10 mm 的实际降雨来进行模拟（日降水量分别为 9.6 mm 和 9.8 mm）。

表 3-33　降雨情景设计　　　　　单位：mm

时间	均匀型降雨	单点型降雨	实际降雨 1	实际降雨 2
0:00	0.42	0	0	0
1:00	0.42	0	0	0
2:00	0.42	0	0	0
3:00	0.42	0	1.10	0
4:00	0.42	0	1.40	0
5:00	0.42	0	0.60	0
6:00	0.42	0	0	0
7:00	0.42	0	0.90	0
8:00	0.42	10.00	1.10	0
9:00	0.42	0	0.60	0
10:00	0.42	0	1.10	0
11:00	0.42	0	0.80	0
12:00	0.42	0	0.80	0
13:00	0.42	0	1.00	0
14:00	0.42	0	0.20	0
15:00	0.42	0	0	0
16:00	0.42	0	0	0
17:00	0.42	0	0	0
18:00	0.42	0	0	0
19:00	0.42	0	0	0
20:00	0.42	0	0	0
21:00	0.42	0	0	4.00
22:00	0.42	0	0	4.60
23:00	0.42	0	0	1.20

2．模型边界条件

在进行典型降雨情景模拟过程中，假设各场降雨开始时片区调蓄池均处于腾空状态，降雨开始时调蓄池开闸进水，降雨结束或调蓄池蓄满后闸门关闭。第四污水处理厂、第五污水处理厂及第五污水处理厂一级强化正常运行，张官营泵站采用基准年最大抽排量。

3．模拟结果

盘龙江主要合流制沟渠溢流模拟结果表明（表 3-34），盘龙江主要合流制沟渠中，北辰大沟、学府路大沟、核桃箐沟、右营防洪沟在任何降雨情景下均不能满足"河长令"所要求的日降雨 10 mm 不溢流的要求，花渔沟、麦溪沟、财经学校大沟、财大大沟、霖雨路大沟在降雨强度较大的情况下不能满足"河长令"要求，但在降雨较为均匀、降雨强度相对较低、日降雨 10 mm 情况下不会发生溢流。

表 3-34 各种降雨情景下盘龙江支流沟渠溢流情况

序号	合流制沟渠	均匀型	单点型	实际情景 1	实际情景 2
1	北辰大沟	是	是	是	是
2	学府路大沟	是	否	是	是
3	核桃箐沟	否	是	是	是
4	花渔沟	否	是	否	是
5	金星立交桥大沟	否	是	否	是
6	麦溪沟	否	是	否	是
7	右营防洪沟	否	是	是	是
8	财经学校大沟	否	是	否	否
9	财大大沟	否	是	否	是
10	霖雨路大沟	否	是	否	否
11	麻线沟	否	否	否	否
12	白云路大沟	否	否	否	否
13	中坝村防洪沟	否	否	否	否
14	教场中线防洪沟	否	否	否	否
15	圆通沟	否	否	否	否
16	教场上线防洪沟	否	否	否	否
17	老李山分洪沟	否	否	否	否

3.2.2 科学目标分析

1. 新建污水处理厂对管理目标的贡献与差距分析

前文明确了近期和远期条件下第十四污水处理厂对盘龙江入湖负荷削减和改善沿程水质的显著作用，同理，第十四污水处理厂的建成运行将进一步推进盘龙江管理目标和科学目标的完成（表 3-35 与表 3-36）。基准年旱天条件下盘龙江水质较好，本研究选择 5—10 月分析达标率。

表 3-35　盘龙江基准年重要断面在河流Ⅲ类标准下的达标率　　　　单位：%

断面	TP	COD	NH$_3$-N
	≤0.2 mg/L	≤20 mg/L	≤1 mg/L
瀑布公园上游	79	97	100
大花桥	99	100	100
霖雨路	98	100	100
小厂村	80	93	66
得胜桥	79	93	66
广福路	78	94	69
严家村	77	92	69

表 3-36　盘龙江基准年现状重要断面在湖库Ⅳ类标准下的达标率　　　　单位：%

断面	TN	TP	COD	NH$_3$-N
	≤1.5 mg/L	≤0.1 mg/L	≤30 mg/L	≤1.5 mg/L
瀑布公园上游	56	58	100	100
大花桥	0	89	100	100
霖雨路	0	88	100	100
小厂村	0	6	99	83
得胜桥	0	2	98	84
广福路	0	7	99	85
严家村	0	2	99	85

　　水质模拟结果表明，若依据河流Ⅲ类标准进行评价，盘龙江沿程重要断面的水质指标中 TP 的达标率上游高下游低，严家村的达标率约为 77%；COD 的达标率较高，超过 90%；受到污水处理厂尾水中高 NH_3-N 浓度的影响，盘龙江下游 NH_3-N 的达标率在 5—10 月仅为 70%左右。

　　依据湖库Ⅳ类标准进行评价，由于牛栏江来水的 TN 超过标准值（年均值为 2.7 mg/L），盘龙江沿程 TN 达标率为 0。牛栏江的 TP 浓度略低于标准值（平均值为 0.07 mg/L），但第五污水处理厂尾水排放向盘龙江输入了大量 TP，使得 TP 达标率自小厂村断面起骤降至 6%，加之其他沿程排口溢流影响，下游严家村断面 TP 达标率不超过 2%。COD 全程全时段均达标；NH_3-N 沿程达标率略有增加趋势，下游严家村处达标时段在 85%以上。

　　根据模拟结果，新建第十四污水处理厂投入运行以后，盘龙江重要断面全年的达标率见表 3-37 和表 3-38。依据河流Ⅲ类标准，下游水质劣于上游，其中严家村 TP、COD 和 NH_3-N 的全年达标天数比例分别在 84%、98%和 79%以上。依据湖库Ⅳ类标准，下游达标率低于上游。对于 TN，仅瀑布公园上游接近全部达标，其他断面全部超过湖库Ⅳ类；对于 TP，小厂村以上断面基本接近全年达标，小厂村以下断面达到湖库Ⅳ类标准的全年达标率仅为 50%；COD 全部断面全年达标；所有断面 NH_3-N 的达标率超过 90%。

表 3-37　第十四污水处理厂新建后盘龙江重要断面在河流Ⅲ类标准下的达标率　单位：%

断面	TP	COD	NH_3-N
	≤0.2 mg/L	≤20 mg/L	≤1 mg/L
瀑布公园上游	79	97	100
大花桥	90	100	88
霖雨路	91	100	87
小厂村	85	98	76
得胜桥	84	97	78
广福路	85	98	79
严家村	84	98	79

表 3-38　第十四污水处理厂新建后盘龙江重要断面在湖库Ⅳ类标准下的达标率　单位：%

断面	TN	TP	COD	NH₃-N
	≤1.5 mg/L	≤0.1 mg/L	≤30 mg/L	≤1.5 mg/L
瀑布公园上游	55	58	100	100
大花桥	0	74	100	95
霖雨路	0	75	100	96
小厂村	0	54	100	91
得胜桥	0	52	99	91
广福路	0	55	100	93
严家村	0	55	100	94

以上结果表明，第十四污水处理厂的建成并运行对盘龙江实现管理目标具有巨大促进作用。对于 TP 而言，在河流Ⅲ类标准下，5—10 月严家村断面的达标率由 77%提升到 85%；在湖库Ⅳ类标准下，严家村断面达标率由 2%提升到 55%。对于 NH₃-N 而言，在河流Ⅲ类标准下，5—10 月严家村断面的达标率由 69%提升到 80%；在湖库Ⅳ类标准下，严家村断面达标率由 85%提升到 94%。其他指标也有一定程度的提高，但是与实现管理目标仍存在差距。因此，在第十四污水处理厂和第五污水处理厂一级强化尾水的影响下，盘龙江沿程 TP 在河流Ⅲ类标准下达标率仍未超过 90%；在湖库Ⅳ类标准下，盘龙江小厂村的达标率仅为 55%，距离 100%达标还存在较大的差距。盘龙江小厂村以下河道的 NH₃-N 浓度在河流Ⅲ类标准下达标率仍未超过 80%，在湖库Ⅳ类标准下盘龙江小厂村的达标率也难以达到 100%达标的管理目标。

2. 新建污水处理厂对科学目标的贡献评估

在第十四污水处理厂运行近期，污水处理厂尾水（特别是一级强化尾水）对盘龙江沿程水质具有显著影响。结合前面的分析，防止第四污水处理厂、第五污水处理厂尾水进入盘龙江是十分有必要的控制措施；在第十四污水处理厂运行条件下，仍有必要将尾水（特别是一级强化）外排出盘龙江片区进行综合资源利用。基于此，需进一步根据达标要求考虑对排口的削减控制。在此运行工况下，盘龙江沿程主要溢流排放的分布见表 3-39。

表 3-39　第十四污水处理厂运行近期下主要溢流量排口

排口名称	溢流量/万 m³	TN 负荷/t	TP 负荷/t	COD 负荷/t	NH₃-N 负荷/t
学府路防洪沟	236.80	29.26	2.13	145.30	8.78
花渔沟	336.30	18.52	1.51	88.72	1.99
马溺河	496.40	14.36	1.10	64.52	0.09
北辰大沟	145.20	12.50	1.25	79.26	6.83
核桃箐沟	97.30	9.41	0.67	43.28	2.54
PSYS140100402092.1	64.20	6.16	0.37	26.57	0.01
PSYSPL00677.2	80.30	6.06	0.45	32.96	0.69
右营防洪沟	58.00	5.14	0.36	26.00	0.73
PSWSPL00651.3	51.00	4.69	0.32	23.32	0.40
麦溪沟	64.90	4.28	0.34	26.00	0.21

注：此为模拟数据，溢流浓度为全年平均值。

　　在第十四污水处理厂近期运行条件下，盘龙江沿程各排口的溢流情况相比其未运行时差异显著，排口溢流总量下降 36%，溢流排放的 TN、TP、COD 和 NH₃-N 负荷分别下降了 61%、64%、61% 和 84%，最大溢流口由现状工况的北辰大沟转变为第十四污水处理厂运行的学府路防洪沟。在溢流量最大的 10 个排口中，现状条件下的金星立交桥大沟和 PSWSPL90057.3 退出前 10 名，取而代之的是右营防洪沟和 PSYS140100402092.1。

　　以此为基础，第十四污水处理厂近期运行下设置无尾水进入盘龙江的情景，利用陆域-水域响应关系模型获得排口的水质贡献，并通过对主要排口削减量的优化，获得主要排口削减控制目标（表 3-40）。

表 3-40　盘龙江重要排口削减控制目标

排口名称	负荷削减率/%	TN 削减量/t	TP 削减量/t	COD 削减量/t	NH₃-N 削减量/t
学府路防洪沟	45.0	13.17	0.96	65.39	3.95
花渔沟	60.0	11.11	0.91	53.23	1.19
北辰大沟	90.0	11.25	1.12	71.33	6.15

排口名称	负荷削减率/%	TN 削减量/t	TP 削减量/t	COD 削减量/t	NH₃-N 削减量/t
核桃箐沟	89.8	8.45	0.60	38.87	2.28
PSYS140100402092.1	0	0	0	0	0
PSYSPL00677.2	0	0	0	0	0
右营防洪沟	0	0	0	0	0
PSWSPL00651.3	0	0	0	0	0
麦溪沟	0	0	0	0	0
合计		43.98	3.59	228.82	13.57

在此工况下，主要的污染负荷削减目标是学府路防洪沟、花渔沟、北辰大沟和核桃箐沟。学府路防洪沟削减量最大；北辰大沟削减量降低，原因是北辰大沟的雨污水被管道转运至第十四污水处理厂，降低了雨天溢流量和负荷。

通过结果对比分析可知（表 3-41），在未建第十四污水处理厂时，为达到盘龙江沿程水质不恶化的目标，TN、TP、COD 和 NH₃-N 分别需要削减 243.2 t、20.7 t、1 192.3 t 和 131.9 t，排口负荷达 62%；在第十四污水处理厂近期运行的条件下，TN、TP、COD 和 NH₃-N 分别需要削减 43.98 t、3.59 t、228.82 t 和 13.57 t，排口负荷达到 29%。结果表明，第十四污水处理厂的运行对降低盘龙江沿程排口的溢流污染负荷具有积极削减作用，对排口的控制率由之前的 62% 下降到 29%，缓解了盘龙江水质目标要求对排口污染负荷削减的控制压力。

表 3-41 盘龙江重要排口削减控制目标

运行条件	排口负荷削减率/%	TN 削减量/t	TP 削减量/t	COD 削减量/t	NH₃-N 削减量/t
现状	62	243.2	20.7	1 192.3	131.9
第十四污水处理厂近期	29	43.98	3.59	228.82	13.57

3.3　片区治理多情景模拟与综合评估

3.3.1　不同降雨条件下盘龙江主要排口溢流情况

1. 设计降雨情景

根据多年降雨数据分析结果，滇池流域特征降雨见表 3-42。

表 3-42　滇池流域特征降雨

降水量区间/mm	降雨时长/h	降水量/mm	降雨峰值类型
2～5	8	3.30	单峰
5～10	9	7.23	单峰
10～20	12	15.09	单峰
20～30	16	24.49	单峰
30～50	20	39.41	单峰
>50	29	81.05	单峰

2. 模型边界条件

在典型降雨情景下，假设片区调蓄池均处于腾空状态，降雨开始时调蓄池开闸进水，降雨结束或调蓄池蓄满后闸门关闭。第四污水处理厂、第五污水处理厂及第五污水处理厂一级强化正常运行，张官营泵站采用基准年最大抽排量。

3. 盘龙江各排放口的入河量

不同降雨情景下，各合流制沟渠排口以及沿岸雨水口的入河水量和入河污染负荷量如图 3-9、图 3-10 所示。

随着降水量的增加，盘龙江入河水量和入河污染负荷量逐渐增加。在降水量小于 10 mm 的情况下，盘龙江入河水量和污染负荷主要来自沿岸的雨水口，随着降水量的逐渐增大，合流制沟渠的溢流水量和溢流污染负荷量逐渐增大，溢流水量、COD 在总入河水量及污染负荷的占比分别从 23% 和 1% 上升至 74% 和 81%。

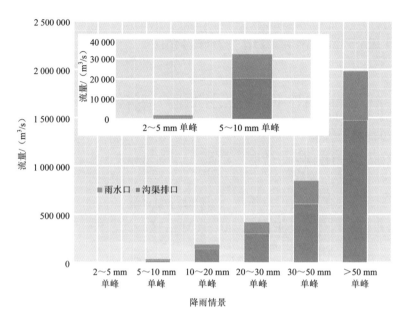

图 3-9　各降雨情景入河排口排放水量

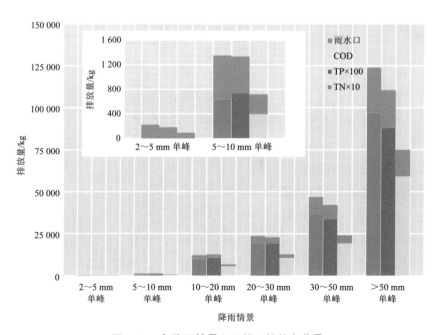

图 3-10　各降雨情景入河排口排放负荷量

4. 各降雨情景合流制沟渠溢流情况

1）2～5 mm 降雨情景

在降水量为 2～5 mm 的情景下，仅财经学校大沟有少量雨水排放，其他沟渠均未溢流。

2）5～10 mm 降雨情景

在降水量为 5～10 mm 的情景下，溢流主要集中在右营防洪沟、北辰大沟、金星立交桥大沟、财经学校大沟和核桃箐沟，见表 3-43。

表 3-43　在 5～10 mm 降雨情景下主要合流制沟渠溢流情况

序号	沟渠名称	溢流量/m³	COD 排放量/kg
1	右营防洪沟	372	1
2	北辰大沟	17 289	1 540
3	金星立交桥大沟	380	4
4	财经学校大沟	479	6
5	核桃箐沟	1 050	42

3）10～20 mm 降雨情景

在降水量为 10～20 mm 的情景下，溢流主要集中在右营防洪沟、北辰大沟、金星立交桥大沟、财经学校大沟、核桃箐沟和学府路大沟，见表 3-44。

表 3-44　10～20 mm 降雨情景下主要合流制沟渠溢流情况

序号	沟渠名称	溢流量/m³	COD 排放量/kg
1	右营防洪沟	4 871	83
2	北辰大沟	79 719	5 596
3	金星立交桥大沟	5 612	159
4	财经学校大沟	1 385	9
5	核桃箐沟	14 755	726
6	学府路大沟	9 679	408

4）20～30 mm 降雨情景

在降水量为 20～30 mm 的情景下，溢流主要集中在右营防洪沟、北辰大沟、金星立交桥大沟、财经学校大沟、核桃箐沟、学府路大沟、花渔沟、麦溪沟和财大大沟，见表 3-45。

表 3-45　20～30 mm 降雨情景下主要合流制沟渠溢流情况

序号	沟渠名称	溢流量/m³	COD 排放量/kg
1	右营防洪沟	12 811	226
2	北辰大沟	131 961	7 794
3	金星立交桥大沟	14 577	530
4	财经学校大沟	2 470	22
5	核桃箐沟	24 084	1 067
6	学府路大沟	46 351	1 986
7	花渔沟	10 652	92
8	麦溪沟	1 995	22
9	财大大沟	1 782	76

5）30～50 mm 降雨情景

在降水量为 30～50 mm 的情景下，溢流主要集中在右营防洪沟、北辰大沟、金星立交桥大沟、财经学校大沟、核桃箐沟、学府路大沟、花渔沟、麦溪沟、财大大沟、麻线沟、霖雨路大沟，见表 3-46。

表 3-46　30～50 mm 降雨情景下主要合流制沟渠溢流情况

序号	沟渠名称	溢流量/m³	COD 排放量/kg
1	右营防洪沟	26 624	501
2	北辰大沟	215 635	11 881
3	金星立交桥大沟	31 301	1 300
4	财经学校大沟	5 819	107
5	核桃箐沟	43 171	1 876
6	学府路大沟	110 465	4 475
7	花渔沟	38 124	340

序号	沟渠名称	溢流量/m³	COD 排放量/kg
8	麦溪沟	11 048	130
9	财大大沟	5 070	212
10	麻线沟	195	0
11	霖雨路大沟	651	18

6) 50 mm 以上降雨情景

在降水量为 50 mm 以上的情景下，除圆通沟、教场北沟、教场中沟外，其余沟渠均会出现溢流，见表 3-47。

表 3-47　50 mm 以上降雨情景下主要合流制沟渠溢流情况

序号	沟渠名称	溢流量/m³	COD 排放量/kg
1	右营防洪沟	64 526	1 091
2	北辰大沟	386 593	17 573
3	金星立交桥大沟	68 607	2 370
4	财经学校大沟	29 799	688
5	核桃箐沟	94 863	2 900
6	学府路大沟	248 846	7 586
7	花渔沟	197 650	1 933
8	麦溪沟	66 171	774
9	财大大沟	18 732	542
10	麻线沟	43 265	873
11	霖雨路大沟	13 478	297
12	白云路大沟	11 487	151

3.3.2　第五污水处理厂一级强化的污染削减与水质改善效应评估

污水处理厂在片区排口溢流和负荷削减方面发挥着关键作用。但是第五污水处理厂一级强化的处理工艺简易，尾水中污染物浓度仍然较高，对盘龙江仍存在着较大影响。因此，需要对第五污水处理厂的一级强化进行定量化分析，进行溢流与负荷削减的效益评价，并为一级强化的合理规模提出建议。在基准年现状模拟的基础上，设计两种极端情景：①第五污水处理厂一级强化关闭，其他排水设施运行条件不变；②第五污水处理厂一级强化的运行规模开启 30 万 m³/d，其他排水设施运行条件不变。通过对比两种情景下的排口溢流量和负荷、进入盘龙江的总水量和负荷，对第五污水处理厂一级强化进行评估（表 3-48）。

表 3-48   第五污水处理厂一级强化不同运行规模下的入河负荷

运行条件		基准年	关闭一级强化	一级强化 30 万 m³
流量/万 m³	第五污水处理厂	1 042.2	0.0	1 947.8
	排口	3 434.9	4 541.8	2 545.4
	第四污水处理厂	850.6	850.6	850.6
	总量	5 327.7	5 392.4	5 343.8
TN/t	第五污水处理厂	224.4	0.0	398.4
	排口	390.8	640.3	208.2
	第四污水处理厂	60.3	60.3	60.3
	总量	675.5	700.6	666.9
TP/t	第五污水处理厂	12.4	0.0	22.3
	排口	32.0	55.9	16.4
	第四污水处理厂	1.3	1.3	1.3
	总量	45.7	57.2	40.0
COD/t	第五污水处理厂	556.8	0.0	969.5
	排口	1 899.0	3 171.3	1 028.1
	第四污水处理厂	76.6	76.6	76.6
	总量	2 532.4	3 247.9	2 074.2
NH₃-N/t	第五污水处理厂	164.6	0.0	279.6
	排口	175.0	375.3	56.1
	第四污水处理厂	2.6	2.6	2.6
	总量	342.2	377.9	338.3

通过对比负荷变化可知，在没有第五污水处理厂一级强化的条件下，其他排口只能采用分散方式排放污染物，污水流量与负荷量显著升高，总排放量整体超过 2017 年现状排放量，总流量增加 1.2%，TN、TP、COD 和 NH₃-N 的入河量分别增加 3.7%、25.2%、28.3%和 10.4%。

在第五污水处理厂一级强化运行 30 万 m³ 的条件下，第五污水处理厂自身排放量虽然上升，但排口分散排放量大幅度下降，总排放量整体低于 2017 年的现状排放量。具体而言，总流量上升 0.30%，TN、TP、COD 和 NH₃-N 分别下降 1.8%、12.8%、18.1% 和 1.2%。对比两种运行条件下排放情况可知，第五污水处理厂的一级强化运行能够将排口污染收集净化，从而显著地削减入河污染物总量，TN 和 NH₃-N 分别下降 0.9% 和 10.5%，TP 和 COD 的控制效果尤其明显，下降幅度达到 30.7% 和 36.1%。

选择 2017 年为基准年，在不同运行情景下，雨天与旱天的降雨条件所对应的盘龙江水质波动情况见表 3-49，其中，负值代表对盘龙江整体水质的改善作用。

表 3-49　第五污水处理厂一级强化情景下盘龙江的沿程平均水质对比　　单位：%

情景对比		TN	TP	COD	NH₃-N
旱天	第五污水处理厂不运行一级强化	0	18	22	6%
	第五污水处理厂一级强化 30 万 m³	0	−2	−2	0
雨天	第五污水处理厂不运行一级强化	1	13	15	6%
	第五污水处理厂一级强化 30 万 m³	0	−8	−11	−3%

一级强化关闭后，沿程排口的分散排放产生了明显的污染效果。以下游的严家村断面为例，旱天 COD 和 NH₃-N 分别上升 31% 和 12%，雨天 TP、COD 与 NH₃-N 分别上升 19%、22% 和 12%（表 3-50）。运行第五污水处理厂一级强化 30 万 m³ 后，能够更有效地控制盘龙江水质恶化趋势，并相比 2017 年现状有所改善，雨天的水质改善效果集中体现在对 TP 和 COD 的控制程度上，平均水质分别下降了 13% 和 16%，这与一级强化运行 30 万 m³ 下对应负荷的变化幅度一致；旱天改善程度有限。

表 3-50　第五污水处理厂不同运行规模下重点断面水质相对现状的变化　　单位：%

指标	降雨条件	运行状况	瀑布公园上游	大花桥	霖雨路	小厂村	得胜桥	广福路	严家村
TN	旱天	关闭一级强化	0	0	0	1	0	1	1
		一级强化 30 万 m³	0	0	0	−1	0	−1	0
	雨天	关闭一级强化	0	0	0	1	1	2	2
		一级强化 30 万 m³	0	0	0	−1	0	−2	−2

指标	降雨条件	运行状况	瀑布公园上游	大花桥	霖雨路	小厂村	得胜桥	广福路	严家村
TP	旱天	关闭一级强化	0	0	0	22	22	27	27
		一级强化 30 万 m³	0	0	0	−4	−1	−4	−4
	雨天	关闭一级强化	0	0	0	14	15	19	19
		一级强化 30 万 m³	0	0	0	−12	−10	−13	−13
COD	旱天	关闭一级强化	0	0	0	26	27	31	31
		一级强化 30 万 m³	0	0	0	−4	−2	−4	−4
	雨天	关闭一级强化	0	0	0	17	18	22	22
		一级强化 30 万 m³	0	0	0	−15	−13	−16	−16
NH₃-N	旱天	关闭一级强化	0	0	0	13	6	12	12
		一级强化 30 万 m³	0	0	0	−4	2	−3	−3
	雨天	关闭一级强化	0	0	1	6	7	11	12
		一级强化 30 万 m³	0	0	0	−8	−4	−8	−6

分析第五污水处理厂不同运行规模对盘龙江 7 个重点断面的水质影响可知，由于重点污染负荷排口多集中在霖雨路—小厂村河段，因此，一级强化的开启能够改善小厂村断面及其下游断面雨天条件下的河水水质。综上，形成以下主要结论：

（1）第五污水处理厂一级强化对改善盘龙江片区水质具有显著的正向作用。2017 年第五污水处理厂一级强化运行规模约为 6 万 m³，关闭一级强化后，盘龙江片区的排口溢流入河总流量增加 1.2%，TN、TP、COD 和 NH₃-N 的入河量分别增加 3.7%、25.2%、28.3%和 10.4%。旱天 COD 和 NH₃-N 分别上升 18%和 22%，雨天 TP 与 COD 均上升 14%左右。

（2）当一级强化运行规模由 6 万 m³ 提升到 30 万 m³ 后，总流量上升 0.3%，TN、TP、COD 和 NH₃-N 的入河量分别下降 1.8%、12.8%、18.1%和 1.2%。盘龙江水质改善主要体现在雨天条件下小厂村及下游断面水质 TP、COD 两项指标上。

（3）在 2017 年第五污水处理厂一级强化运行规模的基础上进一步提高运行规模，对盘龙江水质的改善效果十分有限。

3.3.3 第四污水处理厂、第五污水处理厂尾水外排资源化的盘龙江水质影响评估

主要污水处理厂（第四污水处理厂、第五污水处理厂）在不同运行状况和排放方式下，各个排口的溢流情况和现状相等。结合雨天与旱天的降雨条件，对应盘龙江水质的影响见表 3-51。同样选择 2017 年为参照，负值代表对整个盘龙江水质产生的改善作用。

表 3-51　第四污水处理厂、第五污水处理厂尾水外排下盘龙江平均水质变化　单位：%

降雨条件	TN	TP	COD	NH$_3$-N
旱天	−13.0	−20.4	−19.5	−49.9
雨天	−7.9	−11.6	−9.8	−25.3

第四污水处理厂、第五污水处理厂采用尾水排放不进入盘龙江的运行方式会产生更加明显的水质改善效果（表 3-52）。由整体水质均值变化可知，因将污染物集中处理后高污染尾水直接运走，4 项水质指标均产生了较大幅度的下降，并且受降雨影响相对较大。总体来看，河道旱天 TN、TP、COD 和 NH$_3$-N 的下降比例分别为 13.0%、20.4%、19.5%和 49.9%；雨天 TN、TP、COD 和 NH$_3$-N 下降程度约为旱天的一半，分别为 7.9%、11.6%、9.8%和 25.3%。

表 3-52　第四污水处理厂、第五污水处理厂尾水外排下盘龙江重点断面水质变化　单位：%

水质指标	降雨条件	瀑布公园上游	大花桥	霖雨路	小厂村	得胜桥	广福路	严家村
TN	旱天	0	0	0	−16	−17	−17	−17
	雨天	0	0	0	−10	−10	−10	−10
TP	旱天	0	0	0	−26	−27	−25	−25
	雨天	0	0	0	−15	−15	−14	−14
COD	旱天	0	0	0	−24	−25	−25	−25
	雨天	0	0	0	−12	−12	−12	−12
NH$_3$-N	旱天	0	0	0	−63	−66	−63	−63
	雨天	0	0	0	−31	−31	−32	−32

对于重点断面水质变化，由于第四污水处理厂和第五污水处理厂尾水排口位于霖雨路—小厂村河段，其对小厂村及其下游断面的水质改善效果显著。同时，由于污水处理厂的尾水始终不进入盘龙江，雨天情况下，排口溢流增加对水质产生了恶化作用，使雨天水质改善程度约降为旱天的一半。

3.3.4 新建污水处理厂对盘龙江水质影响评估

第十四污水处理厂分为运行近期和运行远期，建成后将对盘龙江片区的污水处理程度和河道水质状况有极大的改善。本书根据相关建设文件设置以下2个重要情景：

（1）在基准年的基础上，将第五污水处理厂超负荷运行的污水转移至第十四污水处理厂处理。第十四污水处理厂运行近期工况下，深度处理规模为10万 m^3/d（尾水不进入盘龙江），一级强化为40万 m^3/d（尾水）进入盘龙江；第五污水处理厂深度处理规模由24万 m^3 降至设计规模18.5万 m^3/d（不进入盘龙江）；第四污水处理厂及其他排水设施保持不变。

（2）在第十四污水处理厂近期运行的基础上，将第十四污水处理厂深度处理由10万 m^3/d 提高至20万 m^3/d，其尾水依旧不进入盘龙江；同时关闭第四污水处理厂，其污水转移至第五污水处理厂处理。在其他条件不改变的情况下，入河负荷见表3-53。

表3-53 第十四污水处理厂运行下的入河负荷

运行条件		2017年现状	第十四污水处理厂近期	第十四污水处理厂远期
流量/万 m^3	第十四污水处理厂	0	982.0	834.4
	第五污水处理厂	1 042.2	624.5	275.4
	第四污水处理厂	850.6	850.6	0
	排口	3 434.9	2 212.5	2 140.2
	总量	5 327.7	4 669.6	3 250.0
TN/t	第十四污水处理厂	0	173.4	144.0
	第五污水处理厂	224.4	130.3	52.5
	第四污水处理厂	60.3	60.3	0
	排口	390.8	152.4	139.1
	总量	675.5	516.4	335.6

运行条件		2017 年现状	第十四污水处理厂近期	第十四污水处理厂远期
TP/t	第十四污水处理厂	0	9.7	8.1
	第五污水处理厂	12.4	7.2	2.9
	第四污水处理厂	1.3	1.3	0
	排口	32.0	11.5	10.6
	总量	45.7	29.7	21.6
COD/t	第十四污水处理厂	0	419.6	349.3
	第五污水处理厂	556.8	322.7	123.8
	第四污水处理厂	76.6	76.6	0
	排口	1 899.0	750.1	690.6
	总量	2 532.4	1 569.0	1 163.7
NH$_3$-N/t	第十四污水处理厂	0	92.0	73.1
	第五污水处理厂	164.6	92.3	30.8
	第四污水处理厂	2.6	2.6	0
	排口	175.0	27.2	21.9
	总量	342.2	214.1	125.8

　　第十四污水处理厂运行后，能够明显削减陆域排口的排放负荷。在近期的运行条件下，TN、TP、COD 和 NH$_3$-N 等污染物总量分别削减了 23.5%、35.0%、38.0%和 37.5%。在远期 20 万 m^3 的运行工况下，对污染物的处理量和截留能力增强，第四污水处理厂停止运行，第五污水处理厂承担的运行负荷降低，第五污水处理厂与排口的排放均下降，污染物总排放负荷进一步减小，TN、TP、COD 和 NH$_3$-N 相较 2017 年现状分别削减 50.3%、52.9%、54.0%和 63.2%，能够实现通过控制负荷输入改善盘龙江水质的目的。

　　在第十四污水处理厂近期运行条件下，盘龙江沿程水质能够得到改善（表 3-54、表 3-55）。盘龙江 4 项指标整体平均下降比例较大，其差异主要在于 NH$_3$-N 指标，旱天下降比例达到 28%，雨天反而上升了 7%。第十四污水处理厂远期运行条件下，4 项污染物指标进一步显著下降，盘龙江水质得到进一步改善。相比 2017 年现状，旱天 TN、TP、COD 和 NH$_3$-N 等指标的下降比例分别为 13%、22%、22%和 51%，雨天下降比例分别为 7%、18%、21%和 13%。

表 3-54　第十四污水处理厂运行下盘龙江整体平均水质变化　　　　单位：%

情景对比		TN	TP	COD	NH$_3$-N
旱天	第十四污水处理厂近期运行	−7	−13	−12	−28
	第十四污水处理厂远期运行	−13	−22	−22	−51
雨天	第十四污水处理厂近期运行	−1	−9	−13	7
	第十四污水处理厂远期运行	−7	−18	−21	−13

表 3-55　第十四污水处理厂运行下盘龙江重点断面的水质变化　　　　单位：%

指标	降雨条件	运行状况	瀑布公园上游	大花桥	霖雨路	小厂村	得胜桥	广福路	严家村
TN	旱天	第十四污水处理厂近期	1	1	1	−9	−10	−9	−9
		第十四污水处理厂远期	1	0	0	−17	−18	−17	−18
	雨天	第十四污水处理厂近期	0	18	17	−6	−6	−7	−7
		第十四污水处理厂远期	0	15	14	−13	−12	−13	−13
TP	旱天	第十四污水处理厂近期	1	2	2	−18	−18	−17	−17
		第十四污水处理厂远期	1	1	1	−29	−31	−28	−28
	雨天	第十四污水处理厂近期	0	42	40	−21	−20	−22	−22
		第十四污水处理厂远期	0	34	32	−31	−30	−31	−31
COD	旱天	第十四污水处理厂近期	0	1	2	−17	−17	−16	−16
		第十四污水处理厂远期	0	1	1	−28	−29	−28	−28
	雨天	第十四污水处理厂近期	0	30	29	−24	−23	−25	−25
		第十四污水处理厂远期	0	24	22	−33	−32	−34	−34

指标	降雨条件	运行状况	瀑布公园上游	大花桥	霖雨路	小厂村	得胜桥	广福路	严家村
NH$_3$-N	旱天	第十四污水处理厂近期	−1	7	8	−38	−38	−38	−38
		第十四污水处理厂远期	−1	3	4	−66	−69	−65	−65
	雨天	第十四污水处理厂近期	0	167	156	−25	−25	−27	−26
		第十四污水处理厂远期	0	134	121	−44	−43	−45	−43

由 7 个重点断面的水质变化情况可知，第十四污水处理厂的建成运行对沿程不同断面的水质影响有显著差异：①以瀑布公园为代表的第十四污水处理厂上游断面，其水质出现较小的波动，改善效果不明显。②以大花桥和霖雨路断面为代表的第十四污水处理厂尾水排口下游且距离较近的断面，由于受其集中排放的冲击，水质指标浓度上升，雨天条件下 NH$_3$-N 的变化最为突出。近期状况下两个断面处 NH$_3$-N 在雨天分别上升了 167%和 156%；远期状况下雨天两个断面分别上升 134%和 121%。③以小厂村为代表的距离较远的下游断面，排放负荷均大幅下降，溢流污染得到有效控制，水质显著提升。

3.4　本章小结

本章分别从片区主要排水设施评估、片区综合评估和水陆衔接指标评估等方面对盘龙江片区水环境治理工程效益开展了综合评估。①主要排水设施评估针对盘龙江片区内"厂—池—站—网"等收集处理系统开展综合评估，评估结果表明，目前盘龙江片区排水管网覆盖率较高，污水处理厂运行压力不断增大，调蓄池需水量和溢流控制率均有一定的提升。②片区综合评价结果显示，盘龙江片区大部分区域为合流制区域，雨污水分流率偏低；旱天能够实现污水全收集全处理，雨量较大时，片区整体污染负荷削减率偏低；片区污染负荷入河量仍主要来自污水处理厂尾水以及片区合流制溢流口的溢流污染负荷，除尾水口外，最大的入河污染负荷为北辰大沟。

　　针对不同管理目标对排水系统运行效益的影响做了系统分析。首先，分析评估了"河长令"目标下盘龙江沟渠的溢流情况，结果表明，盘龙江主要合流制沟渠中，北辰大沟、学府路大沟、核桃箐沟、右营防洪沟在任何降雨情景下均不能满足"河长令"所要求的日降雨 10 mm 不溢流的要求，花渔沟、麦溪沟、财经学校大沟、财大大沟、霖雨路大沟在降雨强度较大的情况下不能满足"河长令"的要求。盘龙江各断面水质评估方面，无论按照河流Ⅲ类标准还是湖库Ⅳ类标准评价，沿程断面达标率均逐次下降；按照河流Ⅲ类标准，在所有断面处 TP 全年达标天数比例超过 85%，COD 几乎实现 100%达标，NH_4-N 达标率超过 80%；绝大部分河道断面均能满足水质不恶化的目标，第五污水处理厂及北辰路附近河段存在水质急剧恶化的情况。进而提出了对未达标水质指标的改善建议，即降低 TN 主要依赖于对牛栏江来水的控制，降低 TP 需提高第五污水处理厂一级强化尾水的处理与排放标准。第十四污水处理厂的运行对排口的控制率由之前的 62%下降到 29%，缓解了盘龙江水质目标要求对排口污染负荷削减的控制压力。

　　系统地分析了不同降雨情景、第五污水处理厂一级强化、第四污水处理厂和第五污水处理厂尾水外排及新建污水处理厂等不同条件下对盘龙江水质的影响，其中，第五污水处理厂一级强化对改善盘龙江片区水质具有显著的正向作用，第四污水处理厂和第五污水处理厂对小厂村及其下游断面的水质改善效果显著，第十四污水处理厂的建成运行对沿程不同断面水质影响差异显著，对距离较远的下游断面水质能够起到显著改善作用。

第4章
城市河流片区精准治污决策
目标与方案

　　基于盘龙江沿岸排放口调查、盘龙江片区陆域模型和盘龙江水动力-水质模拟,以 2017 年为基准年,进行盘龙江各排放口入河量模拟分析。基于各排口的水质水量,建立陆域-河道水质响应关系,识别出盘龙江片区现状重点控制排口,提出各排口的污染负荷削减需求;以排口为单位,通过排口连接管线的拓扑分析,确定盘龙江片区重点控制单位,对重点控制单元进行细致的深度现场调查,识别重点控制单元排水系统存在的问题,依据"河长令"的相关要求,提出重点控制单元的污染负荷削减方案,进行削减方案环境效益预评估。基于评估结果,进一步优化削减方案,最终形成盘龙江片区"十四五"重点工程项目清单。

4.1　盘龙江主要排口识别与控制目标确定

　　通过对盘龙江排放口现场调查及排口关联管线分析可知,在 227 个排口中分流制雨水直排排水口 56 个,分流制雨污混接雨水直排排水口 3 个,合流制截流溢流排水口 19 个,合流制直排排水口 5 个。结合排口入河水量、入河污染物浓度和入河污染负荷总量对盘龙江沿岸各排口进行排序,筛选得到盘龙江片区重点控制排口为北辰大沟溢流口、学府路防洪沟溢流口、花渔沟溢流口、核桃箐沟溢流口和金星立交桥大沟溢流口 5 个重点控制排口。重点控制排口对应的汇水区域如图 4-1 所示。

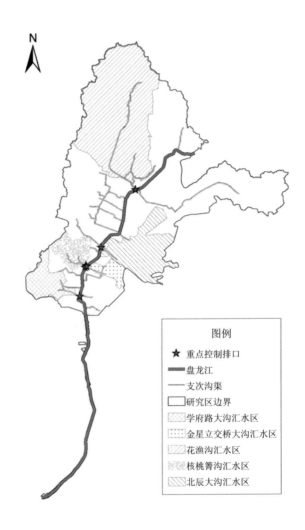

图4-1 盘龙江片区重点控制排口汇水区分布情况

将各重点排口的全年负荷削减率和削减负荷量分配到各个治理工程设计中，首先需要明确盘龙江排口不溢流的降水量（Bendel et al.，2013；Gooré Bi et al.，2015）。当降水量低于控制降水量时，排口无溢流现象，盘龙江沿程水质不发生退化；当降水量高于控制降水量时，排口发生不同程度的溢流，盘龙江沿程水质发生变化，溢流量较小的排口对盘龙江水质影响较小，通过工程进行控制的收益较低。

因而，在降水量较大的条件下，应着重控制重点排口对盘龙江沿程水质的影响。

根据多年历史降雨统计数据（图 4-2），若控制 10 mm 降雨条件下排口不溢流，能够相应地控制总降雨场次中 75% 的降雨；若控制 15 mm 降雨条件下排口不溢流，能够相应地控制总降雨场次中 80% 的降雨；若控制 20 mm 降雨条件下排口不溢流，能够相应地控制总降雨场次中 85% 的降雨；如果要控制 95% 的降雨，则需要保证 42 mm 降雨条件下排口不溢流。

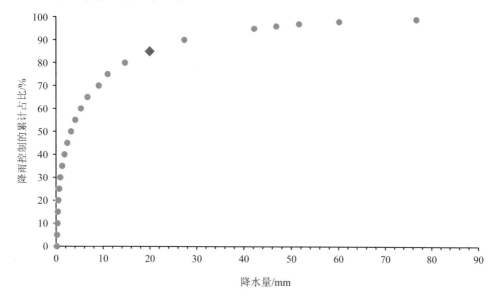

注：◆ 为累计占比 85% 对应的降水量。

图 4-2　场次降水量的累计占比分布

盘龙江片区的排水系统能够实现降水量较小条件下的各重点排口不溢流，当降雨增大时，无法保证所有排口不溢流，主要控制策略是对溢流较为严重、对盘龙江河道水质影响显著的排口进行削减。根据上述分析，当设计盘龙江降雨达到 20 mm、保证主要排口不溢流的要求下，需要实现对全年 85% 降雨的控制，对应的重现期约为 1 个月，意味着全年只有 12 场降雨会使盘龙江排口发生显著的溢流现象，这在工程设计中是比较合适的；若继续增加对降水量的控制，则工程成本剧增，但是对降水量的控制增量相对缓慢，导致控制经济效益下降。因此，建议现阶段盘龙江主要排口的控制降水量定为 20 mm。

4.2　盘龙江重点排口的污染负荷削减方案

本研究识别出北辰大沟、学府路大沟、核桃箐沟、花渔沟和金星立交桥大沟 5 个重点片区。结合前期现场调查，对每个片区提出潜在的治理工程并进行削减方案评估，本节中方案评估以及"河长令"相关要求评估所采用的设计降雨情景设置详见 3.3.1.1。

4.2.1　重点削减片区存在的问题梳理

1. 北辰大沟汇水区排水系统存在的问题

1）排水系统间连接复杂，旱天有大量污水汇入

北辰大沟片区开发建设时排水系统按照分流制系统建设，主干道金色大道以及北京路两侧均有雨污水管道，管道运行状态良好，无明显淤积堵塞现象。北京路污水管在经过北辰大道后，大量污水混入北辰大沟排水系统。旱天北辰大沟水量较大，根据流量监测结果，北辰大沟旱天日均污水量约为 3.6 万 m^3。

2）排水系统雨污混接严重，雨天合流污水溢流问题严重

北辰大沟上游管线雨污混接严重。北辰大道车行天下点位以上雨水管内无水流动，管底干涸，至二环高速桥下，雨水系统开始有污水混入；沿北辰大道往盘龙江方向流动，流至北京路口，北京路污水混入北辰大道排水系统，北辰大道雨水管水量明显变大，同时北辰大沟流量增大，北辰大道下段雨污水管内均有污水流动，雨水管末端接入金色大道箱涵。现状整个系统已经成为大型合流制系统，雨天第五污水处理厂无法接纳的合流污水通过末端溢流口直接溢流进入盘龙江。

3）金色大道调蓄池对于合流污水调蓄作用有限

为控制北辰大沟合流制溢流污染问题，建设了金色大道调蓄池，设计规模为 8 000 m^3/d。从调蓄池的运行情况来看，自 2016 年以来基本每天都在运行，降雨前难以腾空，降雨过程中对合流污水溢流污染控制作用有限。

2. 学府路大沟汇水区排水系统存在的问题

1）片区雨污混接现象严重

学府路两侧均分布有雨污水系统，管道系统连接通畅，无明显堵塞点，但由

于片区雨污分流未落实，道路两侧四排管道内均有污水沿学府路向盘龙江方向流动。学府路大沟从上游开始已有污水混入，旱天学府路大沟上段污水于教场东路以东 300 m 处被横穿管道截流进入学府路南侧雨水系统，雨天溢流进入学府路大沟下段。

2）盘龙江截污管存在河水倒灌现象

根据现场调查，学府路大沟末端接入口附近由于河水冲刷和老化，存在河水从裂缝口进入盘龙江截污管现象。

3. 核桃箐沟汇水区排水系统存在的问题

1）部分区域管网未覆盖，污水直排仍然存在

核桃箐沟上游警苑小区虽已建成中水处理系统，但中水处理系统未运行，污水直排入核桃箐沟，沿核桃箐沟流向盘龙江方向，至二环北路桥处，污水沿雨水渠进入核桃箐沟，流经龙泉路附近，周边住宅小区污水直排入核桃箐沟。

2）龙泉路管段雨污混接

龙泉路北侧雨水管有附近生活污水排入道路雨水系统，龙泉路东侧道路雨污水系统管道内无水流动，西侧道路雨水系统于财经大学体育馆处有污水接入，导致龙泉路下段雨水系统均有污水流动，最终于二环北路混入核桃箐沟。

3）片区中水混入排水系统

龙泉路南侧现状雨污水系统管道内均有清水流动，道路中间电缆井内有大量中水流动、水量大，流至二环北路交叉口处，疑似混入排水系统。

4. 花渔沟汇水区排水系统存在的问题

花渔沟片区内除 3 个城中村排水体制为合流制，雨污水主要依靠合流制沟渠收集排放外，其余新建小区周边均已按雨污分流制构建片区排水系统。现状已建成龙泉路、沣源路、小康大道雨污干管在内的 3 条排水主干道，各片区排水系统主要问题如下：

1）花渔沟上段为合流制通道，雨季存在溢流问题

龙泉路周边居民区和城中村中花渔沟村位于花渔沟源头，原穿过村子沟渠为明沟，后因城市发展建设，现花渔沟村至茨坝北路段沟渠已转为暗沟，村庄污水依靠花渔沟上段收集，于昆明机床股份公司处设截流堰截流进入龙泉路污水管；龙泉路以西区域地势西高东低，污水先顺势进入龙泉路污水管道，再进入花渔沟

截污管，于烟厂下段路口接入小康大道，最终进入第五污水处理厂。雨季随着上游山区大量山洪的汇入，花渔沟上段溢流堰会发生溢流。

2）支流污染问题严重

落索坡村污水主要依托村内合流制沟渠收集排放，虽然沟渠已实施末端截污，旱季污水基本能够收集，但旱天水量较大的情况下仍存在溢流现象。进入雨季后，随着降雨径流的汇入，该节点很容易发生溢流。黑龙潭沟沿河穿过蒜村，蒜村内河道为明沟，沟内水体清澈，村庄已建有污水排水系统，但周边住户生活用水和厨余废水仍直排黑龙潭沟污染河道，此外，黑龙潭沟蒜村新区段末端未安装闸门，主要通过沙袋堆砌成临时截污堰，东侧截污管截污堰破损，截污管现状接近满管，当污水流量增大时，农业大学一侧污水容易倒灌进入黑龙潭沟，影响河道景观，增加沣源路口黑龙潭沟末端溢流风险。

3）红云烟厂片区污水管过流能力不足，片区内涝严重

花渔沟截污管红云烟厂段由于地势较低，截污管内污水流量大，污水管过流能力不足，旱天已处于污水系统高水位运行状态，雨季片区内涝严重，污水管内污水会溢流进入花渔沟。

5. 金星立交桥大沟汇水区排水系统存在的问题

1）片区雨水系统污水错接问题突出

马村泵站至二环北路与G56高速交叉口污水系统内淤积或高位积水，雨水系统有污水汇入，沿二环北路往盘龙江方向流动。道路污水干管位于雨水管左侧行车道下，流至金星立交桥下时，北京路污水大量汇入二环北路污水干管，水量巨大，并于此处贯通旁侧金星大沟，大量污水进入金星立交桥大沟，沿道路流向盘龙江方向，至马村泵站被截污进入第五污水处理厂。

2）片区部分管段排水不畅，淤积堵塞严重

二环北路北侧、鑫安路两侧、金实路两侧管道污水携带垃圾浮渣较多，造成多处管道堵塞，污水管高位积水，混流进入雨水管道，污染河道。

4.2.2　重点片区污染控制措施

1. 控制思路

北辰大沟最主要的问题是由于雨污混接导致大量污水混入，雨污分流是最直

接的解决办法。但现状北辰大道两侧雨污水管均为污水通道，片区管网系统复杂，雨污分流改造难度较大。建议现阶段维持雨污合流现状，主要通过末端控制的方法来实现北辰大沟溢流口溢流污染控制。

学府路大沟片区由于雨污混接，现状片区整体上为合流制排水体制，学府路两侧雨污水管以及学府路大沟旱天均有污水流动。雨污分流是学府路大沟合流制溢流污染控制最有效的手段，但彻底实现雨污分流难度较大，可随着片区开发逐步实施雨污分流改造，因此学府路大沟片区近期仍然考虑维持合流制排水体制。目前，片区整体水量较大，污水处理厂运行负荷较高，第十四污水处理厂建设完成后，合流污水处理能力能够进一步提升，对学府路大沟溢流污染具有一定的削减作用。在第十四污水处理厂建设完成前，学府路大沟溢流口溢流污染控制主要依靠学府路泵站实现片区合流污水的优化调配，通过学府路调蓄池挖潜增效来实现合流制溢流污染控制。

核桃箐沟为片区防洪河道，现状从水质监测数据上看，核桃箐沟降雨过程中总体浓度偏低，低浓度合流污水进入排水管网不利于污水处理厂的正常运行。因此核桃箐沟溢流口溢流污染控制的主要思路为清污分流，将核桃箐沟作为清水通道，承接上游山区洪水和片区雨水，现状龙泉路以下渠段是片区污水的主要通道，因此考虑在上游渠段汇入二环北路段进行改道，将上游山区洪水及片区雨水接二环北路雨水管直接入河，不再进入下段渠道。

花渔沟是片区重要的防洪通道，现状花渔沟截污系统相对完善，仅茨坝路上段为合流制沟渠，有片区污水混入。2018 年随着花渔沟黑臭水体整治工程的实施，上段污水得到了一定程度的收集。现状花渔沟基本处于干涸状态，雨季上游河道和主要支流西干渠及黑龙潭沟仍然有一定量的合流污水溢流进入花渔沟。但从花渔沟水质监测数据上看，降雨过程中随着上游山洪的汇入，花渔沟整体水质浓度偏低。因此，花渔沟溢流口溢流污染控制的主要思路为进一步完善片区截污系统，剥离进入花渔沟的污水，将花渔沟作为片区防洪的清水通道，承接降雨过程中的上游山区洪水及片区雨水。

金星立交桥大沟是片区的重要排涝河道，目前由于雨污混接导致其有污水混入，现状由于末端截污堰的存在，导致片区排水不畅。金星立交桥片区雨天淹积水严重，现状主要依靠马村泵站将合流水抽排至第五污水处理厂。由于第五污水处理厂运行负荷较高，对合流污水处理能力有限。第十四污水处理厂建设完成以后，片区合流污水处理能力有较大幅度的提升，能够有效减少金星立交桥大沟溢流问题。因此，金星立交桥大沟溢流口溢流污染控制主要依托第十四污水处理厂的建设以及对现状雨污混接节点进行改造，对淤积堵塞的管段进行清淤除障。

2. 控制目标与方案

如前所述，合流污水在典型的 20 mm 降雨条件下不发生溢流。

1）北辰大沟控制方案

目前昆明市第十四污水处理厂正在建设，根据设计，第十四污水处理厂将从北辰大沟起修建进水管，现状片区超量污水能够传输至第十四污水处理厂，可有效缓解北辰大沟的溢流问题。此外，盘龙区政府在北辰大沟末端采取的临时抽排措施以及新建的甘美医院调蓄池，在第十四污水处理厂建设完成之前能够在一定程度上控制北辰大沟溢流口溢流污染，可以作为过渡阶段的主要控制措施。因此，针对北辰大沟溢流口不新增控制措施，主要依托现有工程，同时，通过现有工程的提质增效，实现现有设施环境效益的最大化。北辰大沟溢流口溢流污染控制方案布局如图 4-3 所示。

2）学府路大沟控制方案

（1）学府路调蓄池挖潜增效，现状学府路调蓄池运行情况不理想，基准年学府路调蓄池仅调蓄合流污水 10.74 万 m³，对其服务范围内径流总量控制率仅达到 2.94%，对于学府路大沟片区合流制溢流污染的控制作用未完全发挥。因此，学府路片区现状应加强学府路调蓄池的运行，在雨季来临之前实现调蓄池的清淤及腾空，降雨过程中优先收集初期浓度较高的合流污水，确保 10 mm 以下降雨学府路溢流口不发生溢流。此外，依托主城调蓄池挖潜增效项目，在学府路调蓄池配套建设 280 m³/h 的应急处理站。

（2）现状第十污水处理厂尚未满负荷运行，因此，在第十四污水处理厂建设完成前，依托学府路泵站将片区超量合流污水传输至第十污水处理厂。

（3）第十四污水处理厂建成后，可考虑将现状的第四污水处理厂作为片区调蓄池的配套处理系统，主要用于处理雨天调蓄池收集的合流污水。学府路大沟溢流口溢流污染控制方案布局如图 4-4 所示。

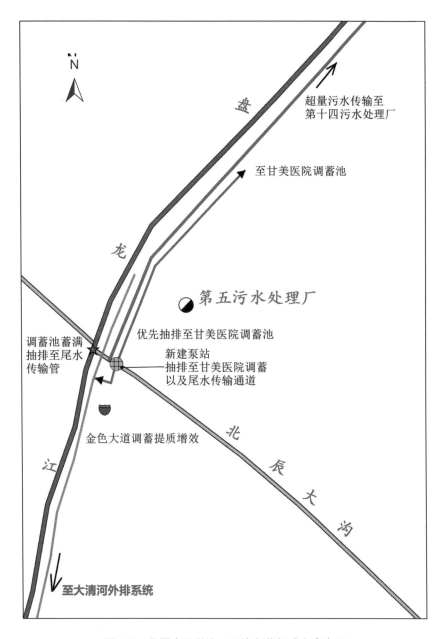

图 4-3　北辰大沟溢流口污染负荷削减方案布局

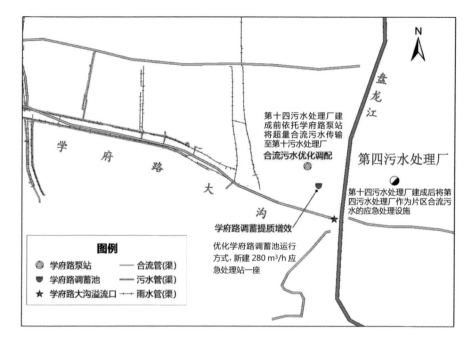

图 4-4 学府路大沟溢流口污染负荷削减方案布局

3）核桃箐沟控制方案

核桃箐沟溢流污染控制主要包括以下几方面内容：

（1）核桃箐沟上段清污分流工程。警苑小区、加油站排污口封堵，核桃箐路修建约 620 m 污水管接二环北路污水管，将上段现状直排污水导流进入二环北路污水管，实施附近住宅小区及周边住宅小区排口封堵，截污导流至二环北路污水管。

（2）核桃箐沟上游渠道清淤除障、渠道修复，上游山区修建截洪沟、沉砂池。

（3）二环北路中段核桃箐沟改道，接下游二环北路雨水管，恢复雨水管排口。

（4）龙泉路段清污分流改造，通过节点改造，剥离附近学校混接进入雨水管的污水。

（5）加强核桃箐调蓄池运行维护，优化核桃箐调蓄池运行方式，最大限度地削减核桃箐溢流口溢流水量及负荷。

核桃箐沟溢流口溢流污染控制方案布局如图 4-5 所示。

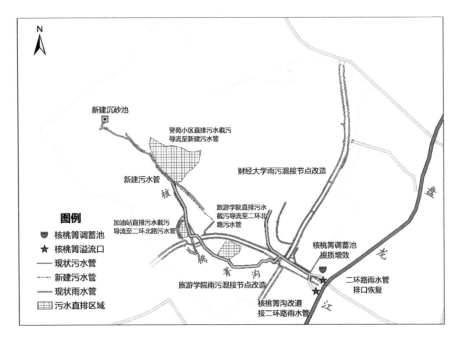

图 4-5　核桃箐沟溢流口污染负荷削减方案布局

4）花渔沟控制方案

花渔沟溢流污染控制主要包括以下几方面内容：

（1）结合花渔沟水环境综合整治及黑臭水体整治工程，加快推进龙泉路延长线市政污水管网建设，实现花渔沟上段清污分流。

（2）花渔沟支流黑龙潭沟实施清污分流，黑龙潭沟蒜村段新建雨水管 850 m，剥离上游山泉水及雨水，接入沣源路雨水管。

（3）西干渠清污分流工程，结合排水规划，加快推进实施西干渠污水管建设。目前，西干渠穿蒜村段有污水混入，由于蒜村暂无拆迁计划，清污分流落实难度大，近期内建议维持末端截污的方式，在西干渠汇入花渔沟口新建闸门，扩建现状西干渠抽排泵站，将合流污水抽排至沣源路污水管，同时在西干渠上段新建清水引流通道，将上游片区雨水就近引流进河。

（4）花渔沟末端截污口改造，在花渔沟末端截流口处设置限流阀门及沉砂设施，通过限流阀门将片区初期雨水收集进入盘龙江截污管，低浓度雨水及山洪水直接排入盘龙江。

花渔沟溢流口溢流污染控制方案布局如图4-6所示。

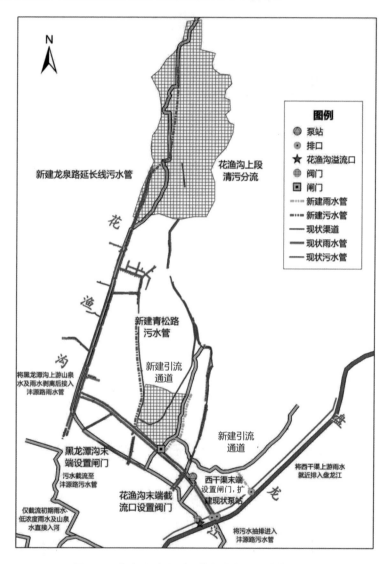

图4-6 花渔沟溢流口污染负荷削减方案布局

5）金星立交桥大沟控制方案

（1）对金星立交桥大沟北京路附近污水混接节点及鑫安路雨污混接节点进行

改造，实现清污分流（图 4-7）。

（2）对二环北路北侧、鑫安路两侧、金实路雨污水管进行清淤除障。

（3）依托昆明市第十四污水处理厂建设，加强马村泵站的运行调度，最大限度地削减金星立交桥大沟溢流污染负荷。

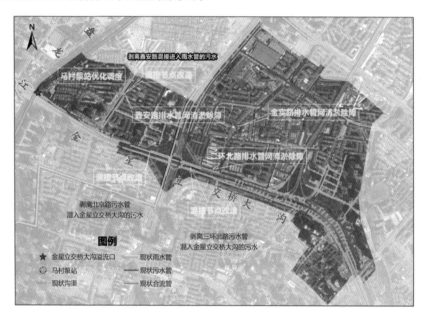

图 4-7　金星立交桥大沟溢流口污染负荷削减方案布局

4.2.3　控制方案效益预评估

1. 北辰大沟控制方案效益预评估

利用盘龙江陆域污染负荷迁移模型模拟了不同降雨情景下，第十四污水处理厂以及临时泵站建设前后北辰大沟的溢流情况（表 4-1）。由表 4-1 可知，2018 年甘美医院调蓄池以及北辰大沟提升泵站建设完成后，对于北辰大沟溢流口的溢流水量和负荷有一定的削减作用，不同降雨情景下削减溢流量 11.8%～80.6%，削减 COD 入河量 10.0%～80.8%，其作用在降水量小的情景下较为明显。

表 4-1　工程措施实施前后北辰大沟溢流口的溢流情况　　　　单位：%

降雨情景/mm	2018 年工程实施后		第十四污水处理厂建设后	
	溢流削减率	COD 负荷削减率	溢流削减率	COD 负荷削减率
5～10	80.6	80.8	100.0	100.0
10～20	25.5	22.8	100.0	100.0
20～30	17.5	15.6	99.7	99.7
30～50	11.8	10.0	69.6	65.1
>50	12.8	13.4	44.5	48.0

注：第十四污水处理厂建成后的削减率为第十四污水处理厂建设后较 2018 年工程实施后的削减。

昆明市第十四污水处理厂建设完成以后，在不同降水量的情景下，北辰大沟的溢流水量和负荷均会大幅削减（表 4-1）。在第十四污水处理厂建设前，降水量 5～10 mm 的情景下北辰大沟就会发生溢流；第十四污水处理厂建设以后，在降水量小于 20 mm 的情况下北辰大沟不会发生溢流，降水量为 20～30 mm 和 30～50 mm 的降雨情景下也仅会产生少量溢流，总体上看，昆明市第十四污水处理厂建设完成后，各降雨情景下北辰大沟溢流口溢流水量能够削减 44.5%～100.0%，COD 溢流负荷能够削减 48.0%～100.0%。

2. 学府路大沟控制方案效益预评估

利用盘龙江陆域污染负荷迁移模型模拟了不同降雨情景下，学府路大沟溢流污染控制方案实施以后，学府路大沟片区的溢流量及入河污染负荷削减情况。模拟结果见表 4-2。

表 4-2　学府路大沟溢流污染控制方案效益评估　　　　单位：%

降雨情景/mm	削减方案实施后		第十四污水处理厂建设后	
	溢流削减率	COD 负荷削减率	溢流削减率	COD 负荷削减率
5～10	—	—	—	—
10～20	—	—	—	—
20～30	23.2	23.0	100.0	100.0
30～50	5.6	5.1	53.1	51.8
>50	3.9	4.8	26.7	32.7

注：方案实施后的削减率计算比较的本底为 2018 年工程实施后的溢流量及负荷，第十四污水处理厂建成后的削减率计算比较的本底为本方案实施后的溢流量及负荷，学府路大沟降水量在 20 mm 以下不溢流。

由表 4-2 可知，学府路大沟新增应急处理站，在降水量为 20～30 mm 的情景下有一定的削减作用，但随着降水量的增加，其削减作用逐渐减小，仅能达到 5% 左右。第十四污水处理厂建成以后，片区污水处理厂运行负荷得以降低，处理能力提升后，学府路大沟溢流水量及负荷削减明显，各降雨情景下溢流水量削减率可达 26.7%～100.0%，COD 入河量削减率可达 32.7%～100.0%。

3. 核桃箐沟控制方案效益预评估

利用盘龙江陆域污染负荷迁移模型模拟了不同降雨情景下，核桃箐沟溢流污染控制方案实施以后该片区的溢流量及入河污染负荷削减情况，模拟结果见表 4-3。

表 4-3　核桃箐沟溢流污染控制方案效益评估　　　　　　　单位：%

降雨情景/mm	方案实施后		第十四污水处理厂建设后	
	溢流削减率	COD 负荷削减率	溢流削减率	COD 负荷削减率
5～10	100.0	100.0	—	—
10～20	45.2	39.7	89.0	90.4
20～30	27.5	19.3	78.0	81.5
30～50	25.8	19.0	44.4	50.7
>50	50.1	35.2	28.6	34.2

注：方案实施后的削减率计算比较的本底为 2018 年工程实施后的溢流量及负荷，第十四污水处理厂建成后的削减率计算比较的本底为本方案实施后的溢流量及负荷。

由表 4-3 可知，核桃箐沟溢流口污染负荷削减方案实施后，在降水量为 5～10 mm 情景下，核桃箐溢流口不会再发生溢流，其他降雨情景下，溢流水量和 COD 入河量能够分别削减 25.8%～50.1% 和 19.0%～39.7%。第十四污水处理厂建成后，核桃箐沟溢流污染负荷进一步降低，溢流水量和 COD 入河量能够在控制方案实施后再削减 28.6%～89.0% 和 34.2%～90.4%。

4. 花渔沟控制方案效益预评估

利用盘龙江陆域污染负荷迁移模型模拟了不同降雨情景下，花渔沟溢流污染控制方案实施以后花渔沟排口的排放量及入河污染负荷。方案实施后，花渔沟将作为片区的清水通道，用于排放片区上游的山洪水及雨水，花渔沟排口各种降雨情景下排放量见表 4-4。

表 4-4 花渔沟排口方案实施后排放水量及负荷

排放情况	降雨情景/mm				
	5～10	10～20	20～30	30～50	＞50
排放水量/万 m³	0.87	0.46	1.41	1.95	22.71
COD 排放量/t	0.17	0.06	0.22	0.26	6.32

由表 4-4 可知，控制方案实施后，虽然花渔沟排口排放水量及负荷有所增加，但其污染物浓度相对较低。较之方案实施前，雨天大量低浓度的水得以从排水系统剥离，一方面有利于污水处理厂的正常运行；另一方面能够为污水处理厂腾出容量来处理浓度更高的污水，提高污水处理厂的污染负荷削减效率。

5. 金星立交桥大沟控制方案效益预评估

利用盘龙江陆域污染负荷迁移模型模拟了不同降雨情景下，金星立交桥大沟溢流污染控制方案实施以后学府路大沟片区的溢流量及入河污染负荷削减情况。模拟结果见表 4-5。

表 4-5 金星立交桥大沟溢流污染控制方案效益评估   单位：%

降雨情景/mm	削减方案实施后	
	溢流削减率	COD 负荷削减率
5～10	—	—
10～20	13.4	35.6
20～30	39.4	54.7
30～50	46.4	61.5
＞50	41.5	58.2

注：方案实施后的削减率计算比较的本底为 2018 年工程实施后的溢流量及负荷。

由表 4-5 中可以看出，金星立交桥大沟实施污水剥离后，溢流水量及负荷均有一定程度的削减，各降雨情景下溢流水量削减率可达 13.4%～46.4%，COD 入河量削减率可达 35.6%～61.5%。由于金星立交桥大沟主要依靠马村泵站进行抽排，因此第十四污水处理厂运行的情景下，在马村泵站抽排量不增加的情况下，金星立交桥大沟的溢流水量及负荷不会产生明显变化。

4.2.4　小结

经过预评估，片区推荐工程的优化方案共涉及三个类型：重点排口削减、尾水外排和山洪剥离（表4-6）。

表 4-6　推荐与储备工程优化方案

序号	项目名称	项目实施内容
1	花渔沟清水通道建设工程	①黑龙潭沟清污分流工程，黑龙潭沟蒜村段新建雨水管850 m，剥离上游山泉水及雨水，接入沣源路雨水管； ②西干渠清污分流工程，西干渠汇入花渔沟口新建闸门，扩建现状西干渠抽排泵站，西干渠上段新建清水引流通道，将上游片区雨水就近引流入河； ③花渔沟末端截污口改造，在花渔沟末端截流口处设置限流阀门及沉砂设施
2	核桃箐沟清水通道建设工程	①核桃箐沟上段清污分流工程，警苑小区排污口封堵，核桃箐路修建750 m污水管接二环北路污水管； ②二环北路中段核桃箐沟改道，接下游二环北路雨水管，恢复雨水管排口； ③核桃箐沟上段沉砂池建设； ④龙泉路段清污分流改造，通过节点改造，剥离云南旅游职业学院外围楼和财大体育馆混接进入雨水管的污水
3	金星立交桥大沟片区雨污分流工程	①鑫安路雨污混接节点改造； ②二环北路雨污混接节点改造； ③片区排水管网清淤除障
4	主城北片区二环路外雨污分流微改造工程	①针对北片区二环路外区域，核查现状封堵雨水排口，对上游雨污混接节点进行改造，剥离污水，恢复末端排口； ②针对雨污混流严重的区域，实行微改造，将原有雨污合流管改造为专门的污水管，新修雨水管剥离雨水
5	昆明主城区排水系统外来水入渗研究	结合排水管网监测，分区域从地下水入渗、河水倒灌、污水混入等方面研究昆明主城区排水系统外来水入渗情况，对外来水入渗影响明显的区域提出外来水剥离及管网修复等工程建议
6	第十四污水处理厂一级强化尾水外排工程	雨天启动第十四污水处理厂一级强化处理的尾水对河道水质影响巨大，应新建管道将其外排出盘龙江河道，或协调第十四污水处理厂深度处理尾水排放方式，做到高浓度尾水优先排除盘龙江

4.3　排口管控需求与建议

基于盘龙江城市片区的整体研究，结合水利部《入河排污口监督管理办法》、生态环境部《关于做好入河排污口和水功能区划相关工作的通知》（环办水体〔2019〕36 号）、《城市黑臭水体整治——排水口、管道及检查井治理技术指南（试行）》（建城函〔2016〕198 号）等相关文件，形成了对城市河流排口管控的一般性建议，分为排口整治建议、排口监管建议、排口设置和论证建议及以排口控制为导向的"厂—池—站—网"联合调度建议。

4.3.1　排口整治建议

1）排污口调查及治理建议

通过排污口调查能够摸清排水口的类型、污水来源和存在的具体问题，掌握排水口排放和溢流的水量与水质特征，为制定治理措施提供第一手资料。因此，在进行排污口整治前应率先进行排污口的调查。排污口调查应包括前期调查、现场调查和成果编制 3 个方面，具体要求如图 4-8 所示。

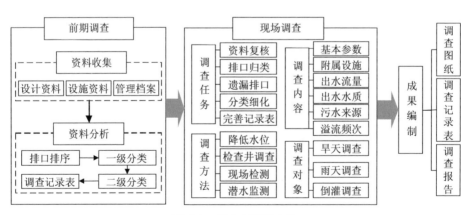

图 4-8　排水口调查内容

排污口治理必须与有效解决雨污混接、排水管道及检查井各类缺陷的修复以及设施维护管理工作统筹进行。城市河道沿程分布的排口众多，在短时间内无法解决所有存在问题的排口和片区，因此，需要在污染源—排污口—水质断面逐级响应关系评估的基础上，识别重点排口及片区，按照排口类别，结合新技术、新设备的适用条件，从而提出精准的管控治理对策。排污口治理对策及技术支持应包括并不限于图 4-9 所示内容。

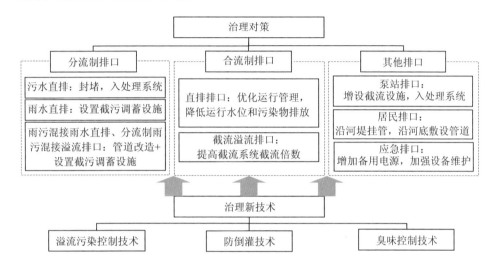

图 4-9 排污口治理对策

2）排口片区对应的排水管道及检查井检测、评估及修复治理建议

作为"控源截污"一系列措施中的重要环节，查明重点排口片区范围内的排水管道及检查井存在的各种缺陷和雨污混接情况是采取有针对性措施的前提，检测范围的重点是存在问题排水口上游排水管道和检查井。检测由排水口开始，自下游至上游，先干管后支管，使得上游追溯检测具有连续性，应尽可能涵盖排水口服务范围内所有排水管道和检查井。

片区内管网系统的评估是统筹排口、沟渠、调蓄池、泵站、管网的系统性综合评估，对该片区的排水系统进行全面深入、客观的分析和评估，应包括并不限于以下方面：

（1）模拟规划路网下未配套管网状况的排口溢流情况。

（2）模拟雨污管道混接问题节点的排口溢流情况。

（3）模拟管道管径不符下雨污水超载的排口溢流情况。

（4）模拟错位、逆坡等问题节点的排口溢流情况。

（5）模拟调蓄池不同运行水位与腾空速度下的排口溢流情况。

（6）模拟泵站不同抽排能力下的排口溢流情况。

（7）模拟排口不同堰高或闸门设计的溢流情况。

（8）模拟管道渗漏及地下水入渗问题下的排口溢流情况。

利用以上模拟分析得到的片区系统评估，识别区域内具有显著排口溢流控制效益的重点问题节点，并深入地实施节点改造或是优化调蓄池、泵站的运行规则。排口片区对应的管道及检查井检测、评估及修复治理与新增建设应包括并不限于图 4-10 所示内容。

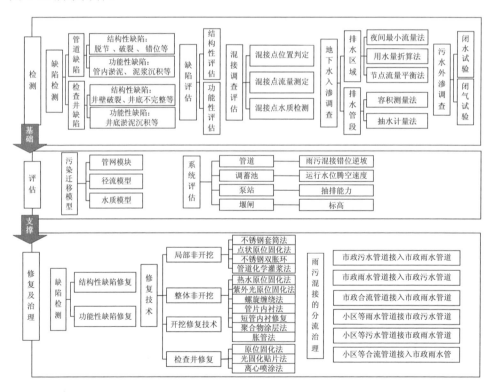

图 4-10　排水管道及检查井检测、评估及修复治理

3）截污调蓄及治理建议

在排水系统中合理设置截污调蓄设施，可有效控制污水和初期雨水污染。调蓄设施的设置应遵循以下三个原则：

（1）调蓄池的出水应接入污水管网，当下游污水系统余量不能满足调蓄池放空要求时，应设置就地处理设施。

（2）调蓄池的位置应根据排水体制、管网情况、溢流管下游水位高程和周围环境等综合考虑后确定，有条件的地区可采用数学模型进行设计方案优化。调蓄池的埋深宜根据上下游排水管道的埋深，综合考虑工程用地、工程投资、施工难度、运行能耗等因素后确定。

（3）可结合地下综合管廊建设设置截污调蓄设施。

针对市政截污调蓄池，对于现状利用率较低的调蓄池，建议开展调蓄池进水沟渠降雨过程监测，优化调蓄池进水方式，最大限度地利用调蓄池对于合流污水的调蓄能力，加强调蓄池与污水处理厂之间的联动，调蓄池调蓄后根据污水处理厂的实际运行情况尽快腾空，避免长时间不腾空导致降雨时无足够容积进行调蓄，或一边进水一边出水导致不能发挥错峰调蓄的功能。

对于配套建设有原位处理设施的调蓄池，建议优化处理设施的运行模式。由于配套处理设施对于合流污水的处理能力有限，配套处理设施主要在降雨过程调蓄池蓄满的情况下使用。降雨过后，如配套处理设施出水能够达到或优于一级 A 标准，则可使用配套处理设施进行调蓄合流污水的处理，否则宜优先利用下游污水处理厂来进行调蓄池调蓄污水的处理，在下游污水处理厂无处理能力时，才考虑使用配套处理设施进行处理。同时开展进出水水质监测，论证出水排放的合理性，进行环境效益跟踪评估。

对于近期污水暂不具备接入市政污水管网条件的，宜在排水口附近采用就地处理技术，削减进入水体的污染物。就地处理设施的设置原则应包括四个方面：

（1）根据黑臭水体治理要求、处理水质和水量、当地污水处理设施建设计划和现场供电、用地、周边环境要求等条件综合确定。

（2）宜选用占地面积小、简便易行、运行成本低的技术，并应考虑后期绿化或道路恢复的衔接和与周边景观的有效融合。

（3）水质和（或）水量变化大的场合，采用生物处理技术时宜设置调节设施，且须设格栅（格网）。

（4）除手动或水力等无须外供电力控制的设施外，宜采用自动控制方式运行，相关数据应及时传至控制中心，并应做好数据备份。

截污调蓄及就地处理的建议如图 4-11 所示。

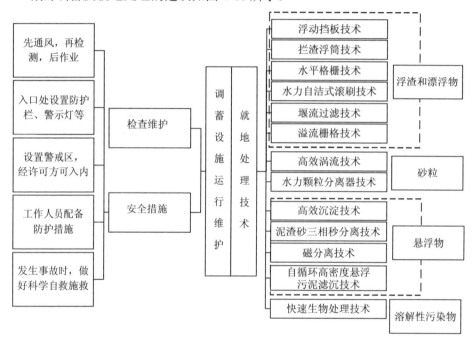

图 4-11　截污调蓄及就地处理

4）排污口、管道及检查井维护管理建议

排污口、管道及检查井维护管理的目的在于及时发现结构性与功能性缺陷和雨污混接等问题，并采取针对性措施，保证设施功能正常发挥。维护管理工作主要包括计划编制、定期检测、定期维护、台账管理等 4 个方面。维护管理的具体实施方法应包括并不限于：前期准备工作，排污口维护，排水管道疏通维护，检查井、雨水口维护和管道淤泥处理处置，以及质量检查与考核等 6 个方面，具体如图 4-12 所示。

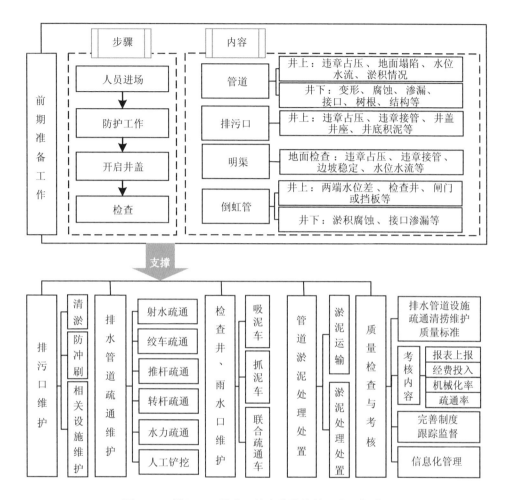

图 4-12　排污口、管道及检查井维护管理方法与建议

4.3.2　排口监管建议

1）以水质响应关系为基础，明确排污口监管目标与控制目标

排污口监管是控制入湖污染物量、改善河湖水质、保障水安全的关键环节，应充分认识这项工作的重要意义，明确重点排口的旱天不溢流与雨天目标降雨条件下溢流的有效控制，逐步实现改善河湖水质、推进绿色发展的总体目标。

2）明确权责，健全制度

严格按照"谁审批谁负责监督管理，权责统一，分级管理"的原则，逐级明晰排污口监督管理权限（杜群和杜寅，2016），同时，进一步健全排污口管理制度或办法，完善排污口设置或变更、检查核查、监测、通报、处罚、台账等全过程管理要求。

3）严格审批，优化布局

排污口设置要充分考虑以下三项重要内容及要求：流域或水系的宏观布局及规划要求，经批准的主体功能区和水功能区划要求，国家产业政策要求。根据流域规划或指导意见，细化管理要求，编制排污口优化布局和整治方案，统筹取水口、排污口，明确排污口的范围，实现申报—审批—实施—验收的全流程。

4）登记建档，强化监控

县级以上地方人民政府水行政主管部门应当对饮用水水源保护区内的排污口现状进行调查，并提出整治方案报同级人民政府批准后实施；县级以上地方人民政府水行政主管部门和流域管理机构应当对管辖范围内的入河排污口设置建立档案制度和统计制度；县级以上地方人民政府水行政主管部门和流域管理机构应当对入河排污口设置情况进行监督检查（储挺，2007）。被检查单位应当如实提供有关文件、证照和资料。监督检查机关有为被检查单位保守技术和商业秘密的义务。属地政府应当与技术单位合作，明确系统中需要重点监测的管道与沟渠水量水质节点，保存历史数据记录，并进一步分析可能存在的风险与积极预备应对措施。

5）协同联动，严格监管

加强排污口与取水许可管理、水资源论证、河道内建设项目管理及防洪等工作的联动和信息共享，明确新设置排口与重点排口的联动关系，确保入河排污口的设置不影响供水安全、防洪安全和工程安全。

4.3.3 以排口控制为导向的"厂—池—站—网"联合调度建议

排口的溢流和城市排水系统具有强烈的因果关联，为降低排口溢流量，需要改善"厂—池—站—网"的运行情况，提高现有污水处理厂、调蓄池、泵站、管网的匹配运行能力：

（1）管网保证旱天污水全收集、雨天合流制雨污水有效控制；对照昆明市控制性详细规划及片区现状管网建设情况，完善未配套管网的路网区域。

（2）污水处理厂保证旱天污水全处理，雨天合流制雨污水在目标降雨条件下全部处理。

（3）调蓄池保证发挥最大的调蓄能力，尽可能多地收集控制雨污水。其中城市区域的面山截洪调蓄池尽可能切断山洪水与污水处理系统之间的联系，作为上游面山雨洪及片区降雨径流的排放主通道。在下游山洪排放通道尚未实现清污分流的情况下，建议通过增大面山雨洪调蓄池容积，人工快渗以及雨洪资源利用等方式实现调蓄的雨洪就地消纳，不下泄进入合流制沟渠。

（4）泵站保证及时快速抽排雨污水进入污水处理厂进水管道，降低管网超载可能性。

在各项单项设备运行理想的条件下，针对"厂—池—站—网"现状运行中存在的问题，系统评估片区排水管网、调蓄池及污水处理厂的空间联合调度潜力；研究制定可行的调度控制模式，提出多泵站联合调度，跨片区调度，管网与污水处理厂、调蓄池、泵站联合调度等优化运行调度策略；利用构建的响应关系模型，对各类优化运行调度策略的实施效果开展多种降雨情景条件下的模拟分析评估，对比现有运行模式与优化调度策略实施后系统关键性能指标的差异，指导系统的实际联动调度。

4.4　片区系统整体运行优化建议

4.4.1　主要设施联合运行现状

现状盘龙江片区共建设有七座调蓄池，除学府路调蓄池出水传输至第十污水处理厂外，其余六座调蓄池雨天调蓄的合流污水均依托片区内的第四污水处理厂、第五污水处理厂进行处理。

第四污水处理厂对应的调蓄池主要为麻线沟调蓄池、圆通沟调蓄池和教场北沟调蓄池，第五污水处理厂对应的调蓄池主要为白云路调蓄池、核桃箐调蓄池以及金色大道调蓄池。现状第四污水处理厂由于膜通量逐渐衰减，未能满负荷运行，而第五污水处理厂现状旱天及雨天运行负荷均已超过 120%，雨季调蓄池调蓄的合流污水难以得到有效处理。

从基准年盘龙江片区七座调蓄池的实际运行情况看，各调蓄池的运行情况差异较大（图 4-13）。除核桃箐调蓄池外，其余调蓄池中，金色大道调蓄池由于片区水量较大，基本处于全年运行状态，未能真正发挥其对合流污水的调蓄作用；教场北沟、圆通沟和学府路调蓄池全年调蓄水量也相对较小，相对于其服务范围内的地表径流量，三座调蓄池对其服务范围内的年径流总量控制率约为 7.03%、10.67% 和 2.94%。

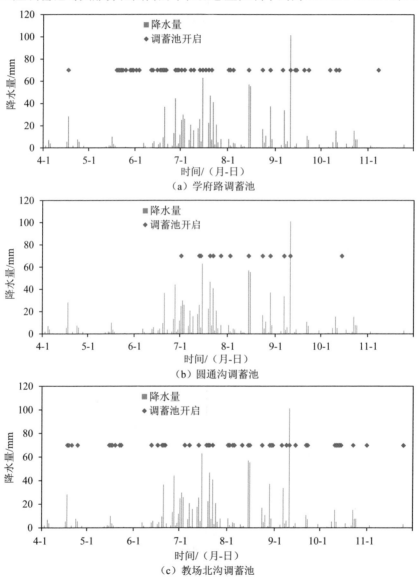

图 4-13　2017 年学府路调蓄池、圆通沟调蓄池、教场北沟调蓄池运行情况

基准年运行规模较小的 3 座调蓄池中，圆通沟调蓄池运行次数最少，全年仅运行 14 次，累积进水时长 19.1 h，合流污水收集量约为 6.12 万 m³；教场北沟调蓄池虽然运行次数相对较多，但收集水量偏低，全年仅调蓄合流污水 4.7 万 m³；学府路调蓄池设计规模为 2.1 万 m³，但全年仅调蓄合流污水 10.74 万 m³。从图 4-13 中可以看出，部分时段调蓄池运行与降雨存在不匹配的现象，此外，由于现状片区调蓄池对应的污水处理厂运行负荷过高，调蓄池不能及时腾空，在连续降雨的情况下，调蓄池的效益发挥不足。

4.4.2　污水处理厂的系统运行建议

新建第十四污水处理厂后，盘龙江片区内共有 3 座污水处理厂，整体排水设施就需要进行系统优化，以确保对盘龙江沿程水质的影响降到最低，同时也将考虑不同运行工况下成本效益的平衡问题。目前第四污水处理厂只有深度处理工艺，第五污水处理厂和第十四污水处理厂既有深度处理工艺，又有快速处理的一级强化处理工艺。第五污水处理厂和第十四污水处理厂深度处理的污染物削减程度最大，因而优先运行；第十四污水处理厂的一级强化工艺较第五污水处理厂一级强化工艺的削减效用更强，所以考虑第十四污水处理厂新建以后是否还需要运行第五污水处理厂的一级强化工艺。最后，由于第四污水处理厂深度处理规模有限，在旱天污水处理能力满足片区要求后，考虑是否保留第四污水处理厂或者将第四污水处理厂作为调蓄设施。

1. 第十四污水处理厂近期、远期运行下第五污水处理厂一级强化的效益评估

为评估第十四污水处理厂一级强化运行后，第五污水处理厂一级强化发挥的作用，首先核算不同情境下各类型的点源排放入河负荷，结果见表 4-7。

表 4-7　不同第五污水处理厂一级强化运行状况的入河负荷

运行条件		第十四污水处理厂近期 第五污水处理厂一级强化运行	第十四污水处理厂远期 第五污水处理厂一级强化关闭
流量/万 m³	第十四污水处理厂	982.0	1 513.0
	第五污水处理厂	624.5	0.0
	第四污水处理厂	850.6	850.6
	排口	2 212.5	2 238.7
	总量	4 669.6	4 602.3

运行条件		第十四污水处理厂近期 第五污水处理厂一级强化运行	第十四污水处理厂远期 第五污水处理厂一级强化关闭
TN/t	第十四污水处理厂	173.4	287.1
	第五污水处理厂	130.3	0.0
	第四污水处理厂	60.3	60.3
	排口	152.4	161.4
	总量	516.4	508.8
TP/t	第十四污水处理厂	9.7	16.0
	第五污水处理厂	7.2	0.0
	第四污水处理厂	1.3	1.3
	排口	11.5	12.3
	总量	29.7	29.6
COD/t	第十四污水处理厂	419.6	697.2
	第五污水处理厂	322.7	0.0
	第四污水处理厂	76.6	76.6
	排口	750.1	794.9
	总量	1 569.0	1 568.7
NH$_3$-N/t	第十四污水处理厂	92.0	173.2
	第五污水处理厂	92.3	0.0
	第四污水处理厂	2.6	2.6
	排口	27.2	33.6
	总量	214.1	209.4

由表 4-7 可以看出，在第十四污水处理厂近期运行一级强化的状况下，如果关闭第五污水处理厂一级强化，虽然在入河负荷总量上产生轻微的削减（四项污染物平均下降 4.4%），但会使得其余点源的排放有所增加：对于第十四污水处理厂，其污水收集和污水处理量明显增加，对应的尾水负荷也显著升高，流量增长 54.1%，TN 增长 65.6%，TP 增长 64.9%，COD 增长 66.2%，NH$_3$-N 增长更是超过了 88.3%；沿程排口的排放也有一定的增长，4 项污染负荷分别增长了 5.9%、7.0%、

6.0%和 23.5%。

以规划的第十四污水处理厂近期运行为基础（以第五污水处理厂一级强化运行情景下盘龙江河道水质作为参照），对比计算关闭第五污水处理厂一级强化后盘龙江水质变化，同时单独选取 7 个重点断面水质变化，见表 4-8。

表 4-8　第五污水处理厂一级强化关闭后盘龙江整体平均水质改善情况　　单位：%

降雨条件	TN	TP	COD	NH₃-N
旱天	0	0	0	5
雨天	2	4	3	12

以第五污水处理厂一级强化运行情景作为参照，对比计算盘龙江水质变化（表4-9）。可以看出，在旱天，除 NH_3-N 指标小幅度升高 5%外，其余 3 项指标基本不变；在雨天，NH_3-N 产生了更大幅度的上升，相比第五污水处理厂一级强化运行状况升高了 12%，其余 3 项水质指标与旱天相比呈现轻微改善现象。

表 4-9　第五污水处理厂一级强化关闭后盘龙江重点断面改善比例　　单位：%

水质指标	降雨条件	瀑布公园上游	大花桥	霖雨路	小厂村	得胜桥	广福路	严家村
TN	旱天	−1	5	5	0	−3	−1	−2
	雨天	0	8	9	1	0	1	0
TP	旱天	−1	11	11	0	−5	0	−4
	雨天	0	18	19	3	1	2	0
COD	旱天	0	10	10	0	−4	0	−3
	雨天	0	14	15	3	1	2	0
NH₃-N	旱天	1	69	69	2	−16	−1	−12
	雨天	0	65	62	8	1	5	0

进一步具体到盘龙江各断面水质，处于第十四污水处理厂排口上方的瀑布公园上游断面水质仍不受影响；而排口所处的大花桥断面及霖雨路断面，第十四污水处理厂出水负荷的显著增加给断面带来了更高浓度的污染冲击，又由于盘龙江河水本身 TN 偏高，因此 TP、COD 和 NH_3-N 变化更为强烈，对于大花桥断面，

旱天 4 项指标分别升高 5%、11%、10%和 69%，雨天 4 项指标分别升高了 8%、18%、14%和 65%；距离第十四污水处理厂排口较远的其他 4 个排口，在旱天，原有第五污水处理厂一级强化的旱天尾水停排，使得整体水质略微改善；在雨天，水质则出现较轻程度的恶化。

总之，第五污水处理厂一级强化关闭后，第十四污水处理厂负荷呈现显著升高趋势，高负荷冲击直接导致了尾水排口对应断面水质急剧恶化。但由于进入盘龙江负荷总量基本没有改变，远离第十四污水处理厂的下游断面水质受影响较小，出现了旱天水质轻微好转，雨天水质轻微恶化的现象。

2. 第十四污水处理厂远期运行下第四污水处理厂调蓄效益评估

在第十四污水处理厂远期运行（第四污水处理厂完全关闭）状况下，将第四污水处理厂用于调蓄，核算不同类型点源的入河负荷，见表 4-10。

表 4-10 第十四污水处理厂远期运行下第四污水处理厂是否用于调蓄的对应入河负荷

运行条件		第十四污水处理厂远期（关闭第四污水处理厂）	第十四污水处理厂远期（第四污水处理厂调蓄）
流量/万 m³	第十四污水处理厂	834.4	814.8
	第五污水处理厂	275.4	323.1
	第四污水处理厂	0.0	0.0
	排口	2 140.2	2 018.6
	总量	3 250.0	3 156.5
TN/t	第十四污水处理厂	144.0	137.5
	第五污水处理厂	52.5	61.9
	第四污水处理厂	0.0	0.0
	排口	139.1	131.3
	总量	335.6	330.7
TP/t	第十四污水处理厂	8.1	7.8
	第五污水处理厂	2.9	3.4
	第四污水处理厂	0.0	0.0
	排口	10.6	10.0
	总量	21.6	21.2

运行条件		第十四污水处理厂远期（关闭第四污水处理厂）	第十四污水处理厂远期（第四污水处理厂调蓄）
COD/t	第十四污水处理厂	349.3	334.3
	第五污水处理厂	123.8	146.9
	第四污水处理厂	0.0	0.0
	排口	690.6	653.7
	总量	1 163.7	1 134.9
NH$_3$-N/t	第十四污水处理厂	73.1	69.8
	第五污水处理厂	30.8	37.6
	第四污水处理厂	0.0	0.0
	排口	21.9	20.9
	总量	125.8	128.3

第四污水处理厂用于调蓄后，第十四污水处理厂的负荷排放略微下降，4 项污染物平均下降 4.2%；而第五污水处理厂负荷在一定程度上上升，4 项污染物指标 TN、TP、COD、NH$_3$-N 分别上升 18.0%、17.2%、18.7%、22.1%。排口 4 项指标负荷平均下降 5%。总量上除 NH$_3$-N 略微升高（1.9%）外，另外 3 项指标负荷平均下降仅 1.9%。

同样，以第四污水处理厂不做调蓄使用情景下盘龙江河道水质作为参照，对比计算盘龙江水质变化，同时单独选取 7 个重点断面水质变化（表 4-11）。

表 4-11　第四污水处理厂调蓄后盘龙江整体平均改善比例　　　单位：%

降雨条件	TN	TP	COD	NH$_3$-N
旱天	0	1	1	0
雨天	1	2	2	−1

就平均水质来看，旱天基本无影响，与预期一致。在雨天，NH$_3$-N 指标呈现略微增加趋势，但是不显著，其他指标均表现为进一步改善的趋势。见表 4-12，盘龙江沿程断面的变化幅度各不相同。

表 4-12　第四污水处理厂调蓄后盘龙江重点断面改善比例　　　单位：%

水质指标	降雨条件	瀑布公园上游	大花桥	霖雨路	小厂村	得胜桥	广福路	严家村
TN	旱天	0	0	0	0	1	0	0
	雨天	0	0	0	2	1	1	1
TP	旱天	0	0	0	1	1	1	1
	雨天	0	0	1	4	4	2	2
COD	旱天	0	0	0	1	1	1	1
	雨天	0	0	1	3	3	2	1
$NH_3\text{-}N$	旱天	0	0	0	−1	−1	−1	−1
	雨天	0	−1	−2	−5	−2	−1	−1

结合重点断面水质变化，第四污水处理厂调蓄后，对上游断面基本无影响，而位于第五污水处理厂尾水排口下方的 4 个断面，$NH_3\text{-}N$ 指标出现了小幅的上升，特别是小厂村断面在雨天上升幅度达到 5%，并随盘龙江沿程水质变化逐渐减小。

总之，第四污水处理厂作为调蓄池使得排口溢流进一步减少，进入盘龙江的总水量和负荷均呈现降低趋势；但是第五污水处理厂的负荷排放升高明显，且突出表现在 $NH_3\text{-}N$ 负荷显著上升 22%；第五污水处理厂下游的小厂村断面 $NH_3\text{-}N$ 出现小幅度下降（<5%），其他水质指标的改善作用不显著（幅度<4%）。因此，第四污水处理厂仅是简单地作为调蓄池对盘龙江水质的改善发挥的效益较低，应该与其他排水设施实现充分的联合调度，最大限度地对高负荷的污水进行调蓄。

3. 第十四污水处理厂远期运行下第四污水处理厂提标改造效益评估

在第十四污水处理厂远期运行（第四污水处理厂完全关闭）的基础上，若开启第四污水处理厂深度处理并提高第四污水处理厂污水处理标准，使得第四污水处理厂出水水质达到同期牛栏江补水平均水质，尾水直接进入盘龙江河道。在此运行工况下，核算盘龙江不同类型污染源的入河负荷，见表 4-13。

表 4-13　第十四污水处理厂远期运行下第四污水处理厂提标改造的对应入河负荷

运行条件		第十四污水处理厂远期（关闭第四污水处理厂）	第十四污水处理厂远期（第四污水处理厂提标）
流量/万 m³	第十四污水处理厂	834.4	601.2
	第五污水处理厂	275.4	197.9
	第四污水处理厂	0.0	850.6
	排口	2 140.2	2 212.5
	总量	3 250.0	3 862.2
TN/t	第十四污水处理厂	144.0	100.5
	第五污水处理厂	52.5	35.0
	第四污水处理厂	0.0	25.7
	排口	139.1	152.4
	总量	335.6	313.6
TP/t	第十四污水处理厂	8.1	5.7
	第五污水处理厂	2.9	1.9
	第四污水处理厂	0.0	0.7
	排口	10.6	11.5
	总量	21.6	19.8
COD/t	第十四污水处理厂	349.3	245.4
	第五污水处理厂	123.8	81.8
	第四污水处理厂	0.0	39.1
	排口	690.6	750.1
	总量	1 163.7	1 116.4
NH₃-N/t	第十四污水处理厂	73.1	49.8
	第五污水处理厂	30.8	18.3
	第四污水处理厂	0.0	2.0
	排口	21.9	27.2
	总量	125.8	97.3

第四污水处理厂提标改造后，尾水排放量重新升至 850.6 万 m³，对应第十四污水处理厂与第五污水处理厂的运行规模有所下降，伴随处理量的减小，污染负

荷排放量均出现了较大程度的下降，第十四污水处理厂的 4 项污染物 TN、TP、COD、NH$_3$-N 平均负荷分别下降 30.2%、29.6%、29.7%、31.9%，第五污水处理厂的 4 项污染物 TN、TP、COD、NH$_3$-N 平均负荷分别下降 33.3%、34.1%、33.9%、40.6%。其余排口 4 项指标负荷均为小幅上升，且第四污水处理厂排放的尾水水质与牛栏江水质相同，污染程度较低，因此，在总量上 4 项污染物负荷均下降，除 NH$_3$-N 显著下降 22.7% 外，另外 3 项污染物负荷平均下降仅为 6.0%。同样，以第四污水处理厂不运行的情景下的盘龙江河道水质作为参照，对比计算出盘龙江水质变化，同时单独选取 7 个重点断面列出水质变化，见表 4-14。

表 4-14　第四污水处理厂提标改造后盘龙江整体平均水质改善比例　　单位：%

降雨条件	TN	TP	COD	NH$_3$-N
旱天	15	24	23	57
雨天	15	24	21	46

在污染物负荷明显削减情况下，盘龙江整体水质改善效果十分显著，且受降雨条件影响较小（表 4-15），4 项指标 TN、TP、COD、NH$_3$-N 平均分别下降 15%、24%、22% 和 52%。

表 4-15　第四污水处理厂提标改造后盘龙江重点断面改善比例　　单位：%

水质指标	降雨条件	瀑布公园上游	大花桥	霖雨路	小厂村	得胜桥	广福路	严家村
TN	旱天	0	3	3	18	19	19	20
	雨天	1	12	11	17	17	17	17
TP	旱天	0	6	6	29	31	29	29
	雨天	1	20	20	27	27	27	27
COD	旱天	0	6	6	28	29	28	28
	雨天	0	17	17	23	23	24	24
NH$_3$-N	旱天	0	20	21	69	72	68	68
	雨天	0	41	39	51	52	52	51

结合重点断面水质变化，第四污水处理厂提标改造后对河段水质的影响仍可分为三部分：对瀑布公园上游断面，水质基本没有影响；对于大花桥和霖雨路断面，由于第十四污水处理厂负荷削减，其水质得到了一定程度的改善，且雨天改善效果优于旱天；对于小厂村及下游断面，因其位于第五污水处理厂与第四污水处理厂的尾水口下游，在第五污水处理厂负荷削减以及第四污水处理厂清洁尾水入河的共同作用下，盘龙江水质改善显著，旱天 4 项指标 TN、TP、COD 和 NH_3-N 分别下降 18%、29%、28% 和 69%，雨天 4 项指标 TN、TP、COD 和 NH_3-N 分别下降 17%、27%、23% 和 51%。

4.5　本章小结

在研究区排水系统调研和水质模拟的基础上，明确了盘龙江的主要排口及其控制目标，建议盘龙江主要排口控制降水量定为 20 mm，明确了北辰大沟、学府路大沟、核桃箐沟、花渔沟和金星立交桥大沟等重点排口的污染负荷削减方案，提出了盘龙江片区排水系统整体运行策略建议。

第 5 章
结论及展望

　　本书提出了一套综合评估城市河流片区水污染治理工程环境效益，并寻求精准治污决策方案的技术方法体系。该方法的特色在于突破了传统的工程评估范畴，实现了"河道→排口→子片区→重点工程"的逐级水质响应评估，完成了建立在单项工程评估的基础之上，以河流输入和片区为整体的综合评估。将该方法应用于典型城市河流片区——滇池流域的盘龙江片区验证了该方法的科学性，获得了盘龙江片区"十三五"项目实施后重点治理工程系统效益评估，指导形成了需新增或提升的重点治理项目，提出了盘龙江片区精准治污决策方案与排口管控建议。

5.1　主要结论

5.1.1　方法体系构建

　　本书构建的串联排水系统拓扑分析、河流水动力-水质模型、陆域-水域响应关系模型与评估指标体系在内的城市河流片区精准治污决策方法，是针对人为干扰强、水文变化快速的城市流域设计而成的。其中排水系统拓扑分析是依托片区现场摸查开展排口片区内水文连通关系与流动方向、定位错接混接等存疑节点，并结合关键节点的水质水量监测，捕捉节点的真实变化过程。但目前受监测约束，尚无法完整地还原整个片区内水量水质在空间、时间上的全局变化关系，尤其是河道沿程水质水量的变化及其与排口的响应关系。因此，通过构建河流水动力-水质模型，识别污染物自众多排口排放到河道后的沿程水质响应，耦合陆域-水域响应关系模型，高效解析在空间上任何断面对任意排口在指定时间范围下的水质贡献值，满足城市片区水文快速变化的分析需求，可支撑城市评估指标体系的计算，提升决策的可靠性和高效性。

5.1.2 方法体系应用

本书以滇池入湖河道盘龙江片区为案例，主要结论如下：

（1）盘龙江河道的沿程水质，在旱天未发生退化，而雨天则发生显著退化。导致水质退化的主要原因是沿程分布众多溢流排口，在雨天发生高污染负荷溢流现象。

（2）基准年盘龙江片区雨污分流率约为30%，入河污染负荷总量COD为1 267 t、TN为299 t、TP为21 t、NH$_3$-N为105 t，主要来自合流制溢流口，平均占比约为61%，其中影响最大的排口是北辰大沟、学府路大沟、花渔沟、核桃箐沟。

（3）片区现状排水主干管系统基本完善，但旱天约有20%干管存在超载现象，雨天整体雨污分流率偏低，收集率仅能达到70%。在主要污水处理厂中，第四污水处理厂运行负荷偏低且逐年递减，第五污水处理厂长期超负荷运行，亟须尽快推进第十四污水处理厂的建设，且可能存在一定地下水入渗的影响。调蓄池总调蓄量整体上逐年增加，但部分市政调蓄池存在调蓄量低于设计规模的情况，部分面山雨洪拦截调蓄池下泄通道未能实现清污分流，下泄水量进入污水处理厂处理，影响污水处理厂效能。片区污水提升泵站系统抽排能力达到要求，但部分雨水泵站无法直排，进入污水处理系统，冲击污水处理厂且引起片区积水问题。

（4）盘龙江精准治污工程推荐，主要包括盘龙江北部实现雨洪剥离；新建第十四污水处理厂扩建至20万m^3；第五污水处理厂与第十四污水处理厂一级强化的高浓度尾水外排出盘龙江河道；针对花渔沟和核桃箐片区进行管网完善、雨污分流改造、末端改造等综合治理，目前该方案已提交当地政府并获得积极反馈。

5.2　不足和展望

（1）面向城市河流的精准治污决策技术体系涵盖水文、水质、生态等多个分支学科的前沿模型技术，以解决在多维时空尺度下城市河流片区的非线性水质响应关系。这些决策技术是基于目前的机理认识而建立的，分析结果需要结合机理进行解释，对城市河流水文、水质过程的认识是否深入将强烈影响模型的有效与高效。因此，继续长期坚持基础科学研究，进而加强模型技术与基础理论的结合，提出针对城市片区复杂问题的新模型和算法，进而提高精准治污决策的效率。

（2）充分的监测数据有助于更深刻认识城市河流片区水文水质机制，提高校验模型和判断模型的可靠性与精准治污决策的有效性。本研究发现，即使在河流片区增加了管网、雨污排口和河道干流的自动监测设备，但案例地区的降雨带有极大的空间差异，例如，目前降雨站点集中分布在城市片区，河道上游的农业地区和山区布点不够，仍然会给模型校准带来一定的不确定性。因此，精准治污决策在数据需求方面需要全面评估其数据充足性。

（3）除监测数据带来的不确定性，数据的预处理、模型结构（状态与方程）、模型参数等因素也会给结果带来不确定性。精准治污决策使用的确定型模型技术内部较为复杂，彼此间串联相接，即使使用大量的监测数据进行校正，也仍然存在不确定性。因此需要筛选重点的敏感性影响因子，包括边界条件、初始化和模型参数，评估其对决策结果的影响程度。

参考文献

陈淑珍，赵树旗，王中正，等. 2014. 基于 ArcGIS 的排水管网数据转换及检查方法[J]. 水电能源科学，32：168-171.

储挺. 2007. 加强入河排污口的监督管理探讨[J]. 江淮水利科技，3-4：25.

丁瑶瑶. 2018. 生态环境部全面启动"千里眼计划" 热点网格监管推进精准治污[J]. 环境经济，17：36-38.

董欣，杜鹏飞，李志一，等. 2008. 城市降雨屋面、路面径流水文水质特征研究[J]. 环境科学，607-612.

杜群，杜寅. 2016. 水保护法律体系的冲突与协调——以入河排污口监督管理为切入点[J]. 武汉大学学报（哲学社会科学版），69：122-129.

华立敏，杨绍琼. 2010. 昆明市主城区降水特征及变化趋势分析[J]. 人民珠江，31：6-8.

郭怀成，贺彬，宋立荣，等. 2017. 滇池流域水污染治理与富营养化控制技术研究[M]. 北京：中国环境出版集团.

蒋洪强，吴文俊，姚艳玲，等. 2015. 耦合流域模型及在中国环境规划与管理中的应用进展[J]. 生态环境学报，24：539-546.

李春林，胡远满，刘淼，等. 2013. 城市非点源污染研究进展[J]. 生态学杂志，32：492-500.

刘卫红，杨常亮，傅强，等. 2011. 滇池流域城市型河流盘龙江入湖营养盐通量研究[J]. 环保科技，17：33-36.

刘永，邹锐，郭怀成. 2012. 智能流域管理[M]. 北京：科学出版社.

刘永，李玉照，吴桢，等. 2020. 湖泊生态系统稳定性演变的驱动机制研究[M]. 北京：科学出版社.

梁中耀，刘永. 2019. 湖泊水质目标风险管理研究[M]. 北京：科学出版社.

刘永，蒋青松，梁中耀，等.2021. 湖泊富营养化响应与流域优化调控决策的模型研究进展[J]. 湖泊科学，33：49-63.

刘玉玉.2015. 河流系统结构与功能耦合修复研究[M]. 大连：大连理工大学.

欧阳威，王玮，郝芳华，等.2010. 北京城区不同下垫面降雨径流产污特征分析[J]. 中国环境科学，30：1249-1256.

秦成新，李志一，荣易，等.2021. 面向管理决策的标准化流域水环境模型评估验证技术框架研究[J]. 中国环境管理，13：101-111.

任玉芬，王效科，韩冰，等.2005. 城市不同下垫面的降雨径流污染[J]. 生态学报，12：3225-3230.

沈晔娜.2010. 流域非点源污染过程动态模拟及其定量控制[D]. 杭州：浙江大学.

史秀芳，卢亚静，潘兴瑶，等.2020. 合流制溢流污染控制技术、管理与政策研究进展[J]. 给水排水，56：740-747.

宋培忠.2015. 牛栏江—滇池补水工程水质影响模拟与评价[D]. 昆明：昆明理工大学.

宋耀莲，武双新.2020. 昆明气象数据的时间序列建模研究[J]. 数据通信，5：15-19.

孙金华，曹晓峰，黄艺.2011. 滇池流域土地利用对入湖河流水质的影响[J]. 中国环境科学，31：2052-2057.

夏军，朱一中.2002. 水资源安全的度量：水资源承载力的研究与挑战[J]. 自然资源学报，262-269.

杨默远，潘兴瑶，刘洪禄，等.2020. 基于文献数据再分析的中国城市面源污染规律研究[J]. 生态环境学报，29：1634-1644.

喻晓琴.2014. 滇池流域典型城镇雨水径流特征及截流方法研究[D]. 重庆：重庆大学.

袁国林，贺彬.2008. 滇池流域地理特征对滇池水污染的影响研究[J]. 环境科学导刊，5：21-23.

张红旗.2009. 排水管网水力模型与地理信息系统（GIS）集成技术研究[D]. 北京：北京工业大学.

张万顺，王浩.2021. 流域水环境水生态智慧化管理云平台及应用[J]. 水利学报，52：142-149.

朱春龙.2005. 城市水环境系统控制决策支持技术研究[D]. 南京：河海大学.

邹锐，苏晗，陈岩，等.2016. 流域污染负荷—水质响应的时空数值源解析方法研究[J]. 中国环境科学，36：3639-3649.

邹锐，苏晗，余艳红，等.2018. 基于水质目标的异龙湖流域精准治污决策研究[J]. 北京大学学报（自然科学版），54：426-434.

邹锐，张晓玲，刘永，等.2013. 抚仙湖流域负荷削减的水质风险分析[J]. 中国环境科学，33：

1721-1727.

邹锐，周璟，孙永健，等. 2012. 垂向水动力扰动机的蓝藻控制效应数值实验研究[J]. 环境科学，33：1540-1549.

AHLVIK L，EKHOLM P，HYYTIÄINEN K，et al. 2014. An economic–ecological model to evaluate impacts of nutrient abatement in the Baltic Sea[J]. Environmental Modelling & Software，55：164-175.

ANAGNOSTOU E，GIANNI A，ZACHARIAS I. 2017. Ecological modeling and eutrophication—a review[J]. Natural Resource Modeling，30：e12130.

BAI H，CHEN Y，WANG D，et al. 2018. Developing an EFDC and numerical source-apportionment model for nitrogen and phosphorus contribution analysis in a lake basin[J]. Water，10：1315.

BALDYS S I，RAINES T H，MANSFIELD B L，et al. 1998. Urban stormwater quality，event-mean concentrations，and estimates of stormwater pollutant loads，Dallas-Fort Worth area，Texas，1992-1993[M]. Center for Integrated Data Analytics Wisconsin.

BENDEL D，BECK F，DITTMER U. 2013. Modeling climate change impacts on combined sewer overflow using synthetic precipitation time series[J]. Water Science and Technology，68：160-166.

BHAGOWATI B，AHAMAD K U. 2019. A review on lake eutrophication dynamics and recent developments in lake modeling[J]. Ecohydrology & Hydrobiology，19：155-166.

CARRARO E，GUYENNON N，HAMILTON D，et al. Coupling high-resolution measurements to a three-dimensional lake model to assess the spatial and temporal dynamics of the cyanobacterium Planktothrix rubescens in a medium-sized lake[C]//Phytoplankton responses to human impacts at different scales[M]. Springer，2012：77-95.

GOORÉ BI E，MONETTE F，GACHON P，et al. 2015. Quantitative and qualitative assessment of the impact of climate change on a combined sewer overflow and its receiving water body[J]. Environmental Science and Pollution Research，22：11905-11921.

GU L，CHEN J，YIN J，et al. 2020. Responses of precipitation and runoff to climate warming and implications for future drought changes in China[J]. Earth's Future，8：e2020EF001718.

HE J，WU X，ZHANG Y，et al. 2020. Management of water quality targets based on river-lake water quality response relationships for lake basins—a case study of Dianchi Lake[J]. Environmental

Research，186：109479.

JI Z-G. Hydrodynamics and water quality：modeling rivers，lakes，and estuaries[C]//：John Wiley & Sons，2017.

KASPERSEN P S，HALSNæS K. 2017. Integrated climate change risk assessment：a practical application for urban flooding during extreme precipitation[J]. Climate Services，6：55-64.

KLEINSTREUER C. Engineering fluid dynamics：an interdisciplinary systems approach[C]//：Cambridge University Press，1997.

LE MOAL M，GASCUEL-ODOUX C，MÉNESGUEN A，et al. 2019. Eutrophication：a new wine in an old bottle？[J]. Science of The Total Environment，651：1-11.

LEE J Y，KIM H，KIM Y，et al. 2011. Characteristics of the event mean concentration（EMC）from rainfall runoff on an urban highway[J]. Environmental Pollution，159：884-888.

MANIQUIZ M C，CHOI J，LEE S，et al. 2010. Appropriate methods in determining the event mean concentration and pollutant removal efficiency of a best management practice[J]. Environmental Engineering Research，15：215-223.

MEINSON P，IDRIZAJ A，NÕGES P，et al. 2016. Continuous and high-frequency measurements in limnology：history，applications，and future challenges[J]. Environmental Reviews，24：52-62.

MÜLLER A，ÖSTERLUND H，MARSALEK J，et al. 2020. The pollution conveyed by urban runoff：a review of sources[J]. Science of The Total Environment，709：136125.

OUYANG W，GUO B，HAO F，et al. 2012. Modeling urban storm rainfall runoff from diverse underlying surfaces and application for control design in Beijing[J]. Journal of Environmental Management，113：467-473.

SCHNOOR J L. Environmental modeling：fate and transport of pollutants in water，air，and soil[C]//：John Wiley and Sons，1996.

SUN C，CHEN L，ZHU H，et al. 2021. New framework for natural-artificial transport paths and hydrological connectivity analysis in an agriculture-intensive catchment[J]. Water Research，196：117015.

WANG H，ZHANG W，XIE P，et al. 2019. Exponential decay of between-month spatial dissimilarity congruence of phytoplankton communities in relation to phosphorus in a highland eutrophic lake[J]. Environmental monitoring and assessment，191：1-12.

WU G，XU Z. 2011. Prediction of algal blooming using EFDC model：case study in the Daoxiang Lake[J]. Ecological Modelling，222：1245-1252.

WU L，PENG X，MA Y，et al. 2019. Variation characteristics of extreme temperature and precipitation events during 1951-2016 in Kunming[J]. Journal of Yunnan University-Natural Sciences Edition，41：91-104.

YANG G，BEST E P H. 2015. Spatial optimization of watershed management practices for nitrogen load reduction using a modeling-optimization framework[J]. Journal of Environmental Management，161：252-260.

ZHANG Y，LUO Y，SU H. Study on land use and precipitation changes in the main urban area of Kunming in the past 40 years[c]//iop conference series：earth and environmental science. IOP Publishing，2021：012008.

ZHAO L，LI Y，ZOU R，et al. 2013. A three-dimensional water quality modeling approach for exploring the eutrophication responses to load reduction scenarios in Lake Yilong（China）[J]. Environmental Pollution，177：13-21.

附　录
评估指标体系构建与计算说明

依据前文对国家"水十条"、海绵城市、黑臭水体治理等政策文件的初步分析，本项目将国家政策的相关指标要求与数据获取及相关核心技术进行对应，并提出相关的测算标准和要求。评估指标体系见附表 1。

附表 1　评估指标体系

指标层级	分类	指标
主要排水设施	管网系统	管网长度
		管网覆盖范围
		旱天管网超载率
		管网系统旱天污水处理厂进水浓度（COD）达标率
	泵站系统	泵站实际抽排水量
		泵站运行水位保证率
	调蓄池系统	调蓄池服务范围
		调蓄池收集的污水量及负荷总量**
		调蓄池控制排放口年减少的溢流频率及溢流水量控制率
	污水处理厂系统	污水处理厂服务范围
		污水处理厂运行负荷率**
		污水处理厂尾水一级 A 达标率

指标层级	分类	指标
片区综合评估指标		片区范围
		雨污分流率
		片区年径流总量控制率
		污水及负荷总量（旱天、雨天）**
		片区污水收集处理率**
		片区污染负荷削减率**
		片区入河水量及负荷总量**
片区水陆衔接指标		重点断面水质达标率**
		重要排口对特定断面的贡献率**
		片区排口污染负荷目标削减率**
		合流制排口溢流控制率**

注：**标记为核心指标。

1 主要排水设施评估

主要排水设施评估的目的在于对片区"厂—池—站—网"等基础排水设施的规模及运行情况进行评估，从而对现状排水设施的规模、运行模式进行决策，提出改造建议。

1.1 管网系统

1.1.1 管网长度

该指标为本底指标，通过片区管网探测数据直接统计得到。

1.1.2 管网覆盖范围

该指标为本底指标，通过片区管网探测数据，基于路网、地形绘制管网收集范围。

1.1.3　旱天管网超载率

（1）指标依据

《城市黑臭水体整治——排水口、管道及检查井治理技术指南（试行）》（建城函〔2016〕198 号）：污水管道运行水位不高于设计充满度，最大充满度不超过 0.9。

（2）数据来源

片区陆域污染负荷迁移模型旱天模拟结果。

（3）计算方法

该指标主要针对片区污水主干管进行统计。

旱天管网超载率（%）=旱天最大充满度大于 0.9 的管段长度×100/管网总长度

1.1.4　管网系统旱天污水处理厂进水浓度（COD）达标率

（1）指标依据

《城市黑臭水体整治——排水口、管道及检查井治理技术指南（试行）》：排水管道敷设在地下水水位以下的地区，城市污水处理厂旱天进水化学需氧量（COD）浓度不低于 260 mg/L，或在现有水质浓度基础上每年提高 20%；排水管道敷设在地下水水位以上的地区，污水处理厂年均进水 COD 不应低于 350 mg/L。

（2）数据来源

片区第四污水处理厂和第五污水处理厂的日运行报表。

（3）计算方法

管网系统旱天污水处理厂进水浓度（COD）达标率（%）=旱天污水处理厂进水浓度≥350 mg/L 的天数×100/旱天天数

1.2　泵站系统

1.2.1　泵站实际抽排水量

该指标为泵站运行本底指标，由泵站运行报表数据直接统计得到。

1.2.2 泵站运行水位保证率

（1）指标依据

《城市黑臭水体整治——排水口、管道及检查井治理技术指南（试行）》：雨水、合流制提升泵站运行水位原则上不高于进水管管顶。

（2）数据来源

片区陆域污染负荷迁移模型旱天模拟结果。

（3）计算方法

泵站运行水位保证率（%）=模拟结果中泵站水位不超过进水管管顶的累计时长（h）×100/1 440

1.3 调蓄池系统

1.3.1 调蓄池服务范围

该指标为本底指标，根据调蓄池关联的管线服务范围绘制。

1.3.2 调蓄池收集的污水量及负荷总量

该指标为反映调蓄池运行情况的基础指标，其中调蓄池收集的污水量由调蓄池的运行报表统计得到，调蓄池收集的负荷总量根据调蓄池收集水量及其进水的实测数据计算得到。

1.3.3 调蓄池控制排放口年减少的溢流频率及溢流水量控制率

（1）指标依据

该指标主要用于评估调蓄池系统对溢流污染负荷的控制效益。

（2）数据来源

片区陆域污染负荷迁移模型模拟结果。分别进行调蓄池运行及调蓄池不运行两种情景的模拟，基于模拟结果统计调蓄池对应的合流制溢流口的溢流次数及溢流水量。

（3）计算方法

调蓄池控制排放口减少溢流频率（%）=（建调蓄池前服务范围内溢流口年溢流次数–建调蓄池后服务范围内溢流口年溢流次数）×100/建调蓄池前服务范围内溢流口年溢流次数

调蓄池控制排放口减少溢流水量控制率（%）=（建调蓄池前服务范围内溢流口年溢流水量–建调蓄池后服务范围内溢流口年溢流水量）×100/建调蓄池前服务范围内溢流口年溢流水量

1.4 污水处理厂系统

1.4.1 污水处理厂服务范围

该指标为本底指标，根据污水处理厂关联的管线服务范围绘制。

1.4.2 污水处理厂运行负荷率

（1）指标依据

该指标为污水处理系统运行的基础指标，主要用于评估现状污水处理系统的运行情况。

（2）数据来源

片区污水处理厂的运行报表。

（3）计算方法

污水处理厂旱天负荷率（%）=污水处理厂旱天平均日运行水量×100/污水处理厂设计规模

污水处理厂雨天负荷率（%）=污水处理厂雨天平均日运行水量×100/污水处理厂设计规模

1.4.3 污水处理厂尾水一级 A 达标率

该指标为污水处理系统运行的基础指标，主要用于评估现状污水处理系统的运行情况。

（1）指标依据

"水十条"：敏感区域（重点湖泊、重点水库、近岸海域汇水区域）城镇污水处理设施应于 2017 年年底前全面达到一级 A 排放标准。建成区水体水质达不到地表水Ⅳ类标准的城市，新建城镇污水处理设施要执行一级 A 排放标准。

（2）数据来源

污水处理厂的运行报表。

（3）计算方法

尾水一级 A 达标率（%）=尾水达一级 A 的天数×100/污水处理厂总运行天数

2 片区综合评估指标

2.1 片区范围

该指标为本底指标，片区范围主要通过盘龙江的自然汇水区、沿岸排口汇水区以及污水处理厂服务范围三级汇水叠加得到。具体方法为：

①自然汇水区：主要基于 DEM 数据，利用 ArcGIS 的水文分析模块，先进行人工沟渠的数字模型挖深处理，再计算其水系、流向、汇积量，最终得到流域的汇水面积。

②沿岸排口汇水区：根据沿岸排口情况进行排口连接管线（包括沟渠）的上游追溯，基于各排口的上游管线连接情况，以及区域地形坡度、路网等数据，进行两岸各排放口汇水区域的划分。

③污水处理厂服务范围：主要根据片区管网探测数据，提取污水处理厂的所有进水管线，根据进水管线的分布情况，结合路网，进行污水处理厂的服务范围划定。

片区范围：将绘制得到自然汇水区、盘龙江沿岸排口汇水区以及污水处理厂服务范围叠加后取并集得到。

2.2 雨污分流率

该指标为本底指标，主要用于评估区域雨污分流落实情况。

雨污分流率（%）=（研究区面积−合流制区域面积）×100/研究区总面积

合流制区域面积主要根据污水处理厂以及排放口关联管线的拓扑分析得到，其中同时与污水处理厂和河道关联的区域为合流制区域。

2.3　片区年径流总量控制率

2.3.1　指标依据

该指标为本底指标，主要用于评估区域透水地表及现状工程设施对区域降雨径流的控制作用。

2.3.2　数据来源

片区降雨数据、片区污水处理厂运行报表、片区调蓄池运行报表、片区面积、片区综合径流系数。

2.3.3　计算方法

①片区工程措施削减合流水量：包括雨天污水处理厂多处理的污水量以及调蓄池调蓄的合流水量两部分，其中污水处理厂多处理的污水量=（雨天平均日处理量−旱天平均日处理量）×雨天天数；调蓄池调蓄的合流水量由运行报表统计得到。

②不产生径流的降雨总量=有效降水量×（1−综合径流系数）×片区面积/10

③年降水总量=有效降水量×片区面积/10

④年径流总量控制率（%）=（片区工程措施削减合流水量+不产生径流的降水总量）×100/年降水总量

2.4　片区污水及负荷总量

2.4.1　旱天污水及负荷总量

（1）指标依据

该指标为本底指标，主要用于明确区域旱天污染负荷产生情况，主要包括生活源和工业源。

（2）数据来源

片区陆域污染负荷迁移模型。

（3）计算方法

通过盘龙江片区陆域污染负荷迁移模型模拟得到的旱天总水量及其对应污染物浓度计算得到。

2.4.2 雨天污水及负荷总量

（1）指标依据

该指标为本底指标，主要用于明确区域雨天污染负荷产生情况，主要包括点源以及城市面源。

（2）数据来源

片区陆域污染负荷迁移模型。

（3）计算方法

通过盘龙江片区陆域污染负荷迁移模型模拟得到的旱天总水量及其对应污染物浓度计算得到。

2.5 片区污水收集处理率

2.5.1 指标依据

"水十条"：到 2020 年，全国所有县城和重点镇具备污水收集处理能力，县城、城市污水处理率分别达到 85%、95%左右。

2.5.2 数据来源

片区陆域污染负荷迁移模型以及现场调查。

2.5.3 计算方法

（1）旱天污水收集处理率

通过现场核查，盘龙江片区旱天无污水直排环境水体现象，且片区现状污水处理厂远大于理论污水量，则认为片区污水收集处理率为 100%。

（2）雨天污水收集处理率

由于片区主要为合流制区域，多采用末端截污的方式截流进入污水处理厂，无法通过模型将收集进入污水处理厂的雨水和污水进行区分，因此在计算雨天污水收集处理率时，将片区雨天产生的雨水一并纳入计算。

雨天污水收集处理率（%）=（雨天总水量−未收集处理的水量）×100/雨天总水量

式中，雨天总水量=雨天生活污水总量+雨天面源污水总量。

雨天未收集处理的水量通过陆域污染负荷迁移模型模拟得到。

（3）全年污水收集处理率

全年污水收集处理率（%）=（全年总水量−未收集处理的水量）×100/全年总水量

式中，全年总水量=旱天总水量+雨天总水量。

全年未收集处理的水量通过陆域污染负荷迁移模型模拟得到。

2.6　片区污染负荷削减率

2.6.1　指标依据

该指标主要用于评估片区截污治污设施对污染负荷的削减效益。

2.6.2　数据来源

片区陆域污染负荷迁移模型以及片区污水处理厂运行报表。

2.6.3　计算方法

（1）旱天污染负荷削减率

旱天污染负荷削减率（%）=旱天污染负荷削减量×100/旱天污染负荷总量

式中，旱天污染负荷削减量=旱天污染负荷总量−尾水负荷。

（2）雨天污染负荷削减率

雨天污染负荷削减率（%）=雨天污染负荷削减量×100/雨天污染负荷总量

式中，雨天污染负荷削减量=雨天污染负荷总量−尾水负荷−入河排口排放的负荷。

（3）全年污染负荷削减率

全年污染负荷削减率（%）=全年污染负荷削减量×100/全年污染负荷总量

式中，全年污染负荷削减量=旱天污染负荷削减量+雨天污染负荷削减量。

2.7 片区入河水量及负荷总量

该指标主要包括雨水排口入河水量及负荷、合流制排口入河水量及负荷、尾水排口入河水量及负荷，其中雨水排口及合流制排口入河水量及负荷由模型模拟得到，尾水排口入河水量及负荷由片区污水处理厂运行报表统计得到。

3 片区水陆衔接指标评估

水陆衔接评估的目的在于评估分析现状条件下（现状排水收集系统、治理工程）河道水体水质达标情况，评估各个排口及尾水口对河道水质的贡献程度，以及为达到相应的水质目标需进一步削减的污水总量或负荷总量等总体指标。

3.1 重点断面水质达标率

3.1.1 指标依据

"水十条"、黑臭水体治理、滇池"十三五"规划、滇池"三年攻坚"计划等上位政策要求水质稳定保持在III类及以上。

3.1.2 数据来源

数据来源主要是控制断面的常规监测数据（监测项目包括 COD、五日生化需氧量、溶解氧、NH_3-N、TP 等），若发现监测数据无法全面、精确地代表河道整体的水质达标情况，可考虑使用经过校准河道水动力-水质模型的模拟值（模拟值至少包括 NH_3-N、TP、COD、TN 等）。

3.1.3 计算方法

参照地表水环境标准进行单因子评价计算，每项水质指标的达标率为

$$水质达标率 = \frac{达标时间}{评估总时间}$$

3.2　重要排口对特定断面的贡献率

3.2.1　指标依据

"水十条"、黑臭水体治理、滇池"十三五"规划、滇池"三年攻坚"计划等上位政策要求河道无违法排污口，雨水径流污染、合流制管渠溢流污染得到有效控制；雨水管网不得有污水直接排入水体；非降雨时段，合流制管渠不得有污水直排水体；雨水直排或合流制管渠溢流进入城市内河水系的，应采取生态治理后入河，确保水质不低于地表Ⅳ类。

3.2.2　计算数据

单纯依靠监测数据无法计算各个排口的水质贡献率。在监测的基础上，根据率定完成的陆域-水域响应关系模型解析重点排口对特定断面的水质贡献率（模拟值至少包括 $NH_3\text{-}N$、TP、COD、TN 等）。

3.2.3　计算方法

根据模型模拟得到各项水质指标在不同位置、不同水量和不同负荷的排口的水质贡献率，计算方法详细参见模型原理部分，可简单理解排口 i 对断面 j 的水质贡献率为

$$水质贡献率_{i,j} = \frac{排口\,i\,的水质响应值}{断面\,j\,的水质模拟值}$$

3.3　片区排口污染负荷目标削减率

3.3.1　指标依据

为达到河道重点断面的水质目标。

3.3.2 计算数据

在水动力-水质模型和陆域-水域响应关系模型的基础上，量化逐条入流的水质贡献和设置不同排口的削减情景而得到的模拟结果。

3.3.3 计算方法

①根据陆域污染迁移转化模型得到的排口溢流数据，利用陆域-水域响应关系模型定量化得到各个排口的水质贡献率，筛选具有显著贡献的排口。

②分析污水处理厂尾水是否可以进入河道。

③为完成河道水质目标，对主要贡献的排口进行污染物削减，并对多个排口进行削减优化组合。

④将削减后的排口溢流情况代入模型进行水质目标验证。

⑤计算片区排口 i 污染负荷目标削减率：

$$排口削减率_i = \frac{排口 i 的削减量}{排口 i 的总排放量}$$

3.4 合流制排口溢流控制率

3.4.1 指标依据

为达到河道重点断面的水质目标。

3.4.2 计算数据

根据计算的片区排口污染负荷目标削减量，计算对应削减后排口全年的溢流频次与削减前的溢流频次。

3.4.3 计算方法

$$溢流控制率_i = 1 - \frac{削减后排口 i 的年溢流量}{削减前排口 i 的年溢流量}$$